新版数学シリーズ

新版確率統計
演習

■

改訂版

■

岡本和夫［監修］

実教出版

本書の構成と利用

本書は，教科書の内容を確実に理解し，問題演習を通して応用力を養成できるよう編集しました。

新しい内容には，自学自習で理解できるように，例題を示しました。

要点　教科書記載の基本事項のまとめ

A 問題　教科書記載の練習問題レベルの問題
（　）内に対応する教科書の練習番号を記載

B 問題　応用力を付けるための問題
教科書に載せていない内容には例題を掲載

発展問題　発展学習的な問題

章の問題　章全体の総合的問題

＊印　時間的余裕がない場合，＊印の問題だけを解いていけば一通り学習できるよう配慮しています。

目次

1 章―確率

2 章―データの整理

3 章―確率分布

4 章―推定と検定

1 確率とその基本性質

◆◆◆要点◆◆◆

▶**試行と事象**

同じ条件のもとで何度も繰り返すことができる実験や観測を行うことを試行といい，試行の結果として起こることがらを事象という。

▶**基本的な用語**

全 事 象　起こりうる結果全体の集合 U で表される事象

根元事象　U の1つの要素だけからなる部分集合で表される事象

空 事 象　空集合 $\varnothing$ で表される事象

余 事 象　事象 A に対して，「A が起こらない」という事象

積 事 象　2つの事象 A，B がともに起こる事象

和 事 象　2つの事象 A，B のうち少なくとも一方が起こる事象

排反事象　同時に起こることがない2つの事象

▶**事象 A の確率**

$$P(A)=\frac{n(A)}{n(U)}=\frac{\text{事象 }A\text{ の起こる場合の数}}{\text{起こりうるすべての場合の数}}$$

▶**余事象の確率**

$$P(\overline{A})=1-P(A)$$

▶**確率の基本性質**

・どのような事象 A に対しても　$0 \leqq P(A) \leqq 1$

・全事象 U について　$P(U)=1$，　空事象 $\varnothing$ について　$P(\varnothing)=0$

・事象 A，B が互いに排反であるとき

$$P(A \cup B)=P(A)+P(B)$$

・事象 A，B が排反でないとき

$$P(A \cup B)=P(A)+P(B)-P(A \cap B)$$

A

1　**1から9までの数字が1つずつ書かれた9個の球がある。この中から1個取り出すとき，次の数が出る確率を求めよ。**　(教 p.9-10 練習 1-2)

(1)　偶数　　(2)　奇数　　(3)　3の倍数　　(4)　素数

＊ **2**　**2つのさいころを同時に投げるとき，次の確率を求めよ。**　(教 p.11 練習 3)

(1)　2つとも同じ目が出る。　　(2)　目の和が8になる。

(3)　目の差が4になる。　　(4)　目の積が12になる。

＊ **3**　5本の当たりくじを含む15本のくじがある。このくじを同時に3本引くとき，次の確率を求めよ。　(教 p.11 練習4)

(1)　3本とも当たる。　(2)　1本だけ当たる。

＊ **4**　男子3人，女子3人が一列に並ぶとき，女子3人が隣り合う確率を求めよ。　(教 p.11 練習4)

5　1から9までの番号が書かれた9枚のカードがある。この中から1枚引くとき，その番号が「素数である」事象を A，「3で割ると1余る」事象を B，「4で割ると2余る」事象を C とする。　(教 p.12 練習5，p.13 練習6)

(1)　和事象 $A\cup B$，$B\cup C$，$C\cup A$ を求めよ。

(2)　積事象 $A\cap B$，$B\cap C$，$C\cap A$ を求めよ。

(3)　A，B，C のうち，互いに排反であるものはどの2つの事象か。

6　2個のさいころを同時に投げるとき，次の確率を求めよ。　(教 p.15 練習7-9)

(1)　目の和が10以上になる。　(2)　目の和が6の倍数になる。

7　赤球5個，白球4個，黒球3個の入っている袋から，同時に3個の球を取り出すとき，同じ色の球が2個になるように取り出される確率を求めよ。　(教 p.15 練習9)

8　ジョーカーのない52枚のトランプから1枚引くとき，次の確率を求めよ。　(教 p.16 練習10)

(1)　エースまたは絵札が出る。　(2)　ダイヤまたは絵札が出る。

＊ **9**　20人から5人の係を選ぶとき，特定の2人のうち少なくとも1人が選ばれる確率を求めよ。　(教 p.17 練習11)

＊ **10**　4個の赤球と5個の白球が入った袋から3個の球を同時に取り出すとき，次の確率を求めよ。　(教 p.17 練習11)

(1)　3個とも同じ色の球となる。

(2)　少なくとも1個が白球となる。

(3)　取り出された球の色が2色となる。

B

＊**11**　**birthday の 8 文字を一列に並べるとき，次の確率を求めよ。**

(1)　r と t が隣り合う。　(2)　r と t が両端にくる。

12　**大人 3 人と子ども 3 人が並ぶとき，次のようになる確率を求めよ。**

(1)　一列に並ぶとき，大人と子どもが交互に並ぶ。

(2)　円形に並ぶとき，子ども 3 人が隣り合うように並ぶ。

13　**男子 4 人，女子 3 人が一列に並ぶとき，次のようになる確率を求めよ。**

(1)　両端が特定の 2 人　(2)　男女が交互に並ぶ

14　**1，2，3，4，5，6 の 6 枚のカードから，でたらめに 4 枚取り出して 4 桁の整数を作るとき，次のようになる確率を求めよ。**

(1)　3000 以下になる。　(2)　偶数になる。　(3)　3 の倍数になる。

15　**男子 3 人，女子 4 人から委員を 2 人選ぶとき，次の確率を求めよ。**

(1)　男子だけ選ばれる場合　(2)　女子だけ選ばれる場合

(3)　厚生委員に男子，保健委員に女子が選ばれる場合

＊**16**　**2 個のさいころを同時に投げるとき，次の確率を求めよ。**

(1)　3 の目が少なくとも 1 個出る。　(2)　異なる目が出る。

17　**5 本の当たりくじを含む 12 本のくじがある。このくじを，同時に 5 本引くとき，次の確率を求めよ。**

(1)　当たりが 2 本以上　(2)　当たりとはずれのくじがどちらもある

18　**白球 4 個，赤球 5 個，青球 3 個が入った袋から，同時に 4 個の球を取り出す。このとき，次のようになる確率を求めよ。**

(1)　赤球が 3 個以上　(2)　少なくとも 1 個は赤球

(3)　球の色が 3 種類　(4)　球の色が少なくとも 2 種類

＊**19**　**100 枚のカードがあり，それぞれ 1 から 100 までの番号が 1 つずつ書いてある。この中から 1 枚カードを取り出すとき，その番号が 2 でも 3 でも割り切れない確率を求めよ。**

20　100から200までの数字が1つずつ書かれた番号札から1枚を取り出すとき，カードに書かれた数字が次のようになる確率を求めよ。

(1)　4の倍数または6の倍数　　(2)　4の倍数でも6の倍数でもない

(3)　4の倍数であるが6の倍数でない

＊**21**　箱Aには1から10の数字が書かれたカードが1枚ずつ，箱Bには1から15の数字が書かれたカードが1枚ずつ入っている。A，Bの箱からそれぞれ1枚ずつカードを取り出す。このとき，次の確率を求めよ。

(1)　数字の和が偶数　　(2)　数字の積が5の倍数

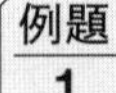

例題 1　円周上に8つの点が等間隔で並んでいる。

(1)　2点を選んで直線で結ぶとき，それが円の直径になる確率を求めよ。

(2)　3点を選んで三角形を作るとき，直角三角形になる確率を求めよ。

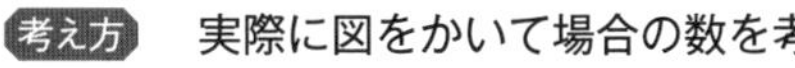

考え方　実際に図をかいて場合の数を考えてみよう。

解　(1)　2点の選び方は ${}_8C_2 = 28$（通り）

このうち直径になるのは右の4本

よって　$\dfrac{4}{28} = \dfrac{1}{7}$

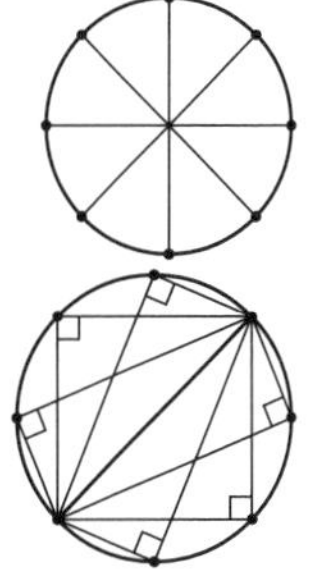

(2)　3点の選び方は ${}_8C_3 = 56$（通り）

直角三角形は，1本の直径に対して6つできるから

$4 \times 6 = 24$（通り）

よって　$\dfrac{24}{56} = \dfrac{3}{7}$

＊**22**　正六角形の6つの頂点から，3点を選んで三角形を作るとき，次の確率を求めよ。

(1)　正三角形になる。　　(2)　直角三角形になる。

23　正八角形の8つの頂点から，3点を選んで三角形を作るとき，次の確率を求めよ。

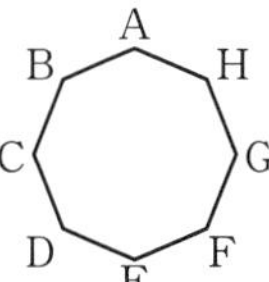

(1)　二等辺三角形になる。

(2)　二等辺三角形でも直角三角形でもない。

2 いろいろな確率の計算

◆◆◆要点◆◆◆

▶独立な試行の確率

互いに独立な2つの試行 T_1，T_2 において，T_1 で事象 A が起こる確率を $P(A)$，T_2 で事象 B が起こる確率を $P(B)$ とすると，T_1 で事象 A，T_2 で事象 B が起こる確率 p は $p=P(A)\cdot P(B)$ である。

▶反復試行の確率

1つの試行Tにおいて，A が起こる確率を p とする。この試行Tを n 回繰り返すとき，A がちょうど r 回起こる確率は

$${}_n\mathrm{C}_r p^r(1-p)^{n-r}$$ である。

▶条件付き確率

事象 A が起こったときに，事象 B が起こる確率は

$$P_A(B)=\frac{n(A\cap B)}{n(A)}$$ である。

▶乗法定理

2つの事象 A，B について，

・事象 B が事象 A に従属するとき　$P(A\cap B)=P(A)\cdot P_A(B)$

・2つの事象 A，B が独立のとき　$P(A\cap B)=P(A)\cdot P(B)$

A

＊**24**　**2本の当たりくじを含む10本のくじがある。AとBの2人がこの順でくじを1本ずつ引くとき，次の確率を求めよ。ただし，Aの引いたくじはもとに戻すものとする。** (教 p.20 練習2)

(1) A，B 2人とも当たる確率　　(2) A，B 2人ともはずれる確率

25　**A，B，Cの3人が，ある試験を受けて合格する確率は，それぞれ $\frac{1}{3}$，$\frac{2}{5}$，$\frac{3}{4}$ である。このとき，次の確率を求めよ。** (教 p.21 練習3)

(1) 3人とも合格する。　　(2) 1人だけ合格する。

(3) 少なくとも1人が合格する。

26　**1枚の硬貨を4回投げるとき，次の確率を求めよ。** (教 p.23 練習4)

(1) 4回とも表が出る。　　(2) 3回表が出る。

27　5つの答えの中から正解を1つ選ぶ問題が4題出題された。でたらめに答えを選んで，3題以上正解できる確率を求めよ。　(教 p.23 練習 4)

＊ **28**　1つのさいころを繰り返し投げて，5以上の目の出た回数が2回となったところでやめることとする。ちょうど6回投げてやめになる確率を求めよ。　(教 p.23 練習 5)

29　1から12まで数字が書かれた12枚のカードがある。この中から1枚を選ぶとき，そのカードに書かれた数字が3の倍数である事象を A，奇数である事象を B とする。このとき，次の確率を求めよ。　(教 p.24 練習 6)

(1)　$P_A(B)$　　(2)　$P_B(A)$　　(3)　$P_{\overline{A}}(B)$

＊ **30**　10本のくじの中に2本の当たりくじがある。a，b の2人がこの順にくじを1本ずつ引くとき，次の確率を求めよ。ただし，引いたくじはもとに戻さないものとする。　(教 p.25 練習 7，p.29 練習 10)

(1)　a が当たりを引いたとき，b がはずれを引く。

(2)　a がはずれを引いたとき，b が当たりを引く。

31　袋の中に赤球6個と白球3個が入っている。この袋の中から，A，B の2人がこの順に球を1個ずつ取り出す。このとき，B が赤球を取り出す確率を求めよ。ただし，取り出した球はもとに戻さない。　(教 p.26 練習 8)

＊ **32**　袋 A には赤球4個と白球2個，袋 B には赤球3個と白球6個が入っている。無作為に袋を1つ選び，球を1個取り出すとき，次の確率を求めよ。　(教 p.30 練習 11，p.31 練習 12)

(1)　取り出した球が赤球である。

(2)　取り出した球が赤球であったとき，それが袋 A からのものである。

＊ **33**　A 工場の製品には3％，B 工場の製品には6％の不良品が含まれている。A 工場の製品から50個，B 工場の製品から100個を無作為に抜き出し，これをよく混ぜた後に1個の製品を取り出すとき，次の確率を求めよ。　(教 p.31 練習 12)

(1)　取り出された製品が不良品である。

(2)　取り出された製品が不良品であったとき，それが A 工場のものである。

B

34 A, B, C 3つの箱がある。A には 10 本中 2 本, B には 10 本中 3 本, C には 10 本中 4 本の当たりくじが入っている。さいころをふって, 3 以下の目が出たときに A から, 4 または 5 の目が出たときに B から, 6 の目が出たときに C からくじを 1 本引く。このとき, くじが当たる確率を求めよ。

35 右の図のように, A 地点から B 地点を経由して C 地点へ行く経路がある。①, ②, ③, ④の区間が不通になることは, 互いに独立であり, 不通となる確率は, この順に 0.5, 0.2, 0.3, 0.4 である。A から C へ行くことのできる確率を求めよ。

* **36** A, B 2 人でジャンケンをするとき, どちらか先に 3 回勝った方を勝者とする。このとき, 次の確率を求めよ。ただし“あいこ”になる場合も 1 回の試行とする。

(1) 3 回目に勝負がつく確率 p_3 と 4 回目に勝負がつく確率 p_4 を求めよ。

(2) 5 回目までに勝負がついている確率を求めよ。

37 赤球 8 個と白球 4 個が入った袋から 1 個ずつ 2 個の球を取り出す。2 番目の球が赤球であるとき, 1 番目の球も赤球である確率を求めよ。ただし, 取り出した球はもとに戻さない。

38 S 高校のバレーボール部の男女比は 3：2 で, 男子の $\frac{1}{4}$, 女子の $\frac{3}{10}$ が 3 年生であるとき, 次の確率を求めよ。

(1) 部員を 1 人選んだとき, その部員が 3 年生である。

(2) バレーボール部の 3 年生を選んだとき, その部員が女子である。

* **39** 座標平面上で, 点 P は原点を出発して, 次の規則で動くものとする。コインを 1 回投げるごとに, x 軸方向に $+1$ だけ進み, 表が出たら y 軸方向に $+2$, 裏が出たら y 軸方向に -1 だけ進む。

(1) 点 P が点 $(5,\ 4)$ を通る確率を求めよ。

(2) 点 P が点 $(5,\ 4)$ を通って, 点 $(7,\ 5)$ を通る確率を求めよ。

* **40** 1 つのさいころを 6 回投げるとき, 1 の目が 3 回, 2 の目が 2 回, 3 の目が 1 回出る確率を求めよ。

発展問題

例題 2　さいころを 20 回投げたとき，1 の目が何回出る確率が最も大きいか。

考え方　**反復試行の確率 p_n の最大は，$p_n < p_{n+1}$，$p_n > p_{n+1}$ となる n の範囲を求める。**

解　1 の目が k 回出る確率を p_k とすると

$$p_k = {}_{20}\mathrm{C}_k\left(\frac{1}{6}\right)^k\left(\frac{5}{6}\right)^{20-k} = \frac{20!}{k!(20-k)!}\cdot\frac{5^{20-k}}{6^{20}} \quad (0 \leqq k \leqq 20)$$

$$p_{k+1} = {}_{20}\mathrm{C}_{k+1}\left(\frac{1}{6}\right)^{k+1}\left(\frac{5}{6}\right)^{20-k-1}$$

$$= \frac{20!}{(k+1)!(20-k-1)!}\cdot\frac{5^{20-k-1}}{6^{20}} \quad (0 \leqq k \leqq 19)$$

$$\frac{p_{k+1}}{p_k} = \frac{20!}{(k+1)!(20-k-1)!}\cdot\frac{5^{20-k-1}}{6^{20}} \times \frac{k!(20-k)!}{20!}\cdot\frac{6^{20}}{5^{20-k}}$$

$$= \frac{20-k}{5(k+1)}$$

ここで　$p_k < p_{k+1}$ となる k の範囲は

$$\frac{20-k}{5(k+1)} > 1 \text{ より } k < 2.5$$

すなわち，$0 \leqq k \leqq 2$ のとき $p_k < p_{k+1}$ となる。

また，$p_{k+1} < p_k$ となる k の範囲を求めると

$$\frac{20-k}{5(k+1)} < 1 \text{ より } k > 2.5$$

すなわち，$3 \leqq k \leqq 19$ のとき $p_k > p_{k+1}$ となる。

よって　$p_0 < p_1 < p_2 < p_3 > p_4 > p_5 > \cdots\cdots > p_{20}$　である。

したがって，p_3 が最大になるので，3 回出る確率が最も大きい。

41　**1 つのさいころを 30 回投げたとき，1 の目が n 回出る確率を p_n $(0 \leqq n \leqq 30)$ とする。次の問いに答えよ。**

(1)　p_n を求めよ。　　　(2)　$\dfrac{p_{n+1}}{p_n}$ を n の式で表せ。

(3)　p_n を最大にする n の値を求めよ。

1章の問題

1 赤球5個，青球4個，白球3個が入っている袋から，1個ずつ3回球を取り出すとき，次の確率を求めよ。ただし，取り出した球は袋の中に戻さないものとする。

(1) 取り出される3個の球がすべて同じ色である。

(2) 取り出される3個の球がすべて異なる色である。

(3) 1回目に取り出される球の色と3回目に取り出される球の色が異なる。

2 9個のさいころをふって出た目の積を X とする。X が偶数となる確率を求めよ。また，X が4の倍数となる確率を求めよ。

3 座標平面上で，点Pは原点にあり，A，B2枚のコインを同時に投げて，右の規則で動くものとする。これを5回繰り返すとき，点Pの座標が(2，3)となる確率を求めよ。

A	B	動き方
表	表	右へ1，上へ1動く
裏	表	上へ1動く
表	裏	右へ1動く
裏	裏	左へ1動く

4 Aの袋には青球3個と白球2個，Bの袋には青球4個と白球1個，Cの袋には青球2個と白球3個が入っている。A，B，Cの袋から1つ選び，次にその中から1個の球を取り出すとき，次の確率を求めよ。

(1) 白球が取り出される。

(2) 取り出された球が白球であったとき，それがBの袋から取り出された球である。

5 1から9までの数字が書かれたカードが1枚ずつ，合わせて9枚のカードがある。この中から同時に3枚のカードを抜き出す。抜き出したカードに書かれている数字について，次の□をうめよ。

(1) 数字の積が5の倍数である確率は□である。

(2) 数字の積が偶数である確率は□である。

(3) 数字の和が偶数である確率は□である。

(4) 最大の数字が7である確率は□である。

(5) 数字の積が10の倍数である確率は□である。

6　A，B 2 人が 1 枚の硬貨を交互に投げるゲームを行う。A が最初に硬貨を投げ，先に表を 3 回出した人が勝つものとする。次の確率を求めよ。

(1)　A が硬貨を 3 回投げて勝つ

(2)　B が硬貨を 3 回投げて勝つ

(3)　A が 4 回，B が 3 回硬貨を投げて A が勝つ

7　2 個のさいころを同時に 1 回投げる。出る目の和を 5 で割った余りを X，出る目の積を 5 で割った余りを Y とする。このとき，次の各問いに答えよ。

(1)　$Y \geqq 1$ である確率を求めよ。

(2)　$X=2$ または $Y=2$ である確率を求めよ。

(3)　$X=2$ である条件のもとで $Y=2$ である確率を求めよ。

8　3 個のさいころを同時に投げる。次の確率を求めよ。

(1)　3 個のうち，いずれか 2 個のさいころの目の和が 5 になる

(2)　3 個のうち，いずれか 2 個のさいころの目の和が 10 になる

(3)　どの 2 個のさいころの目の和も 5 の倍数でない

9　図のような円周上の 4 点 A，B，C，D 上を反時計回りに進む点 Q を考える。さいころをふって出た目の数を 4 で割った余りの数だけ，点 Q を現在いる点から 1 つずつ隣りの点に進める試行を行う。点 A を出発点として，この試行を 2 回続けて行ったとき，次の確率を求めよ。

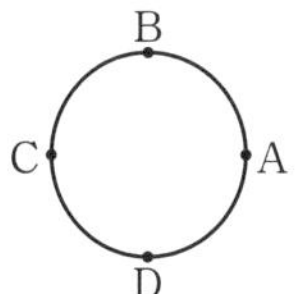

(1)　点 Q が点 A，B，C，D にいる確率

(2)　点 Q が円周上を少なくとも 1 周している確率

10　n 個の自然数 1，2，3，…，$n\,(n \geqq 3)$ から同時に 3 つの数を選ぶ。

(1)　3 つの数が連続する選び方は何通りあるか。

(2)　3 つの数のうち，ちょうど 2 つが連続する選び方は何通りあるか。

(3)　少なくとも 2 つの数が連続する確率が $\dfrac{5}{7}$ 以下になるときの，n の最小値を求めよ。

11　数直線上を動く点 P を考える。点 P は，原点 O から出発し，1 秒ごとに確率 $\dfrac{3}{4}$ で正の方向に 2 移動し，確率 $\dfrac{1}{4}$ で負の方向に 1 移動する。

(1)　6 秒後の点 P の位置が原点 O である確率を求めよ。

(2)　最も確率が高い 6 秒後の点 P の位置を求めよ。

1-1 1次元のデータ(1)

◆◆◆要点◆◆◆

▶データの整理

度数分布表：適当な区間（階級）に分けて，それぞれの階級に含まれる度数を記入した表

ヒストグラム：階級の幅を底辺，度数を高さとする長方形を順々にかいて度数の分布を表したグラフ

相対度数分布表：度数分布表において，各階級に相対度数（各階級の度数を全体数で割ったもの）を対応させた表

累積度数分布表：度数分布表において，各階級までの度数を加えたもの（累積度数）を記入した表

累積相対度数表：度数分布表において，各階級までの相対度数を加えたもの（累積相対度数）を記入した表

▶代表値

平均値：n 個の変量 x が x_1，x_2，x_3，…，x_n の値をとるとき

$$\bar{x}=\frac{1}{n}(x_1+x_2+x_3+\cdots+x_n)=\frac{1}{n}\sum_{i=1}^{n}x_i$$

度数分布からの平均値：x_i に対する度数を f_i とすれば

$$\bar{x}=\frac{1}{n}(x_1f_1+x_2f_2+x_3f_3+\cdots+x_nf_n)=\frac{1}{n}\sum_{i=1}^{n}x_if_i$$

中央値（メジアン）：すべての値を順に並べたとき，その中央にくる値

最頻値（モード）：変量の値のうち度数が最大である値

A

＊ **42** 下の資料は，あるクラスの男子 20 人の身長を表したものである。このとき，次の問いに答えよ。〔単位 cm〕 （教 p.39 練習 1）

169.1　178.1　166.2　158.6　166.4　169.3　162.3　166.3　163.7　168.0
173.8　166.9　164.5　170.4　163.9　170.9　176.2　164.1　165.8　172.3

(1) 階級の幅が 5 cm で，157.5 cm が階級値の 1 つとなる度数分布表を作れ。

(2) (1)の度数分布表から，ヒストグラムと度数折れ線をかけ。

43　6 個のさいころを同時に投げて奇数の目が出た個数を記録する。下の表は **A** が **10** 回，**B** が **50** 回行った結果である。相対度数分布表を作り，相対度数折れ線をかいて比較せよ。 (教 p.40 練習 2)

個数	0	1	2	3	4	5	6	計
A	0	0	1	4	3	2	0	10
B	0	3	11	18	13	3	2	50

＊ **44**　右の図は，あるクラスの生徒 **25** 人の小テストのヒストグラムである。 (教 p.41 練習 3)

(1)　20 点以上 25 点未満を階級の 1 つとして，階級の幅が 5 点の度数分布表を作り，累積度数と累積相対度数を求めよ。

(2)　累積度数折れ線と累積相対度数折れ線をかけ。

(3)　30 点未満の生徒は全体の何パーセントにあたるか。

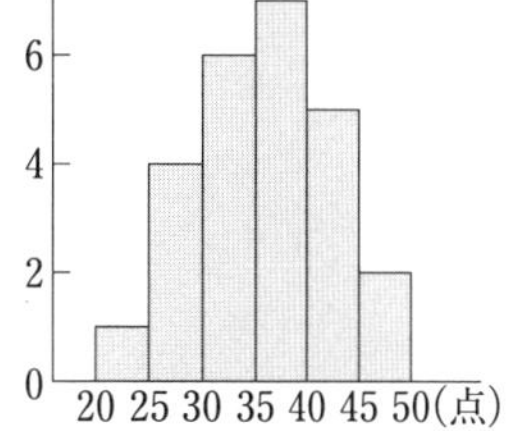

(4)　30 点以上 45 点未満の生徒は全体の何パーセントにあたるか。

45　次のデータはあるラグビーチームのフォワード 8 人の体重である。8 人の体重の平均値を求めよ。ただし，単位は **kg** である。 (教 p.42 練習 4)

103　95　91　108　96　119　87　81

＊ **46**　次の度数分布表は，生徒 **25** 人の国語と数学の小テストの採点結果である。国語，数学の平均点をそれぞれ求めよ。 (教 p.43 練習 5)

得点(点) 以上～未満	0～10	10～20	20～30	30～40	40～50	計
国語の人数(人)	1	4	6	9	5	25
数学の人数(人)	2	3	9	7	4	25

47　次のデータの中央値と最頻値を求めよ。 (教 p.44-45 練習 6-7)

(1)　15 18 21 21 21 32 36 43 43 43 57 59

(2)　10 15 15 20 25 25 30 35 35 35 40 45 50

48 12本のボールペンの重さを量った結果，次の結果が得られた。このとき，重さの平均値，中央値，最頻値を求めよ。 (教 p.42-45 練習 4-7)

7.46　7.46　7.42　7.45　7.44　7.45
7.47　7.43　7.46　7.47　7.46　7.45　(単位 g)

◇◆◇◆◇◆◇◆◇◆◇◆◇◆◇◆◇◆ **B** ◇◆◇◆◇◆◇◆◇◆◇◆◇◆◇◆◇◆

＊**49** 下の数値は，ある2人の作家のかいた小説K，Aの中からそれぞれ30文，20文をぬき出し，その文字数を記録したものである。このとき，次の問いに答えよ。

〈小説K〉	32	27	25	22	7	12	55	42	29	20
	33	34	15	17	13	31	28	18	19	35
	37	9	20	27	21	31	18	14	41	44
〈小説A〉	25	35	23	40	19	36	53	26	49	47
	73	24	16	58	41	62	35	34	31	48

(1) 10字未満，10字台，20字台，……と階級に区分して度数分布表を作り，ヒストグラムをかけ。

(2) (1)の度数分布表から相対度数分布表を作り，相対度数折れ線をかいて比較せよ。

50 次の表は，25人がゲームをしたときの得点を度数分布表にまとめたものである。得点の平均値，中央値，最頻値を求めよ。

得点	0	2	4	6	8	計
人数	2	4	7	8	4	25

51 右の表は，生徒40人の試験の得点の累積度数分布表である。

(1) 得点の平均値を求めよ。

(2) 得点の中央値を求めよ。

(3) 得点の最頻値を求めよ。

階級(点)未満	20	40	60	80	100
人数	3	8	19	33	40

例題 3　右の表は，15人がゲームをしたときの点と人数をまとめたものである。

得点	1	2	3	4	5	計
人数	1	x	5	y	2	15

(1)　得点の平均値が3.2点のとき，x，yの値を求めよ。

(2)　得点の最頻値が3点のとき，xのとりうる値を求めよ。

考え方　**最頻値→度数が最大の変量の値である。**

解 (1)　$1+x+5+y+2=15$ より

$x+y=7$　……①

$\frac{1}{15}(1\times1+2\times x+3\times5+4\times y+5\times2)=3.2$ より

$x+2y=11$　……②

①，②を解いて　$x=3$，$y=4$

(2)　$x<5$ かつ $y=7-x<5$ より

$2<x<5$

よって　$x=3$，4

＊ **52**　**次の表は，朝顔21株のある日の花の数をまとめたものである。平均値と中央値が等しいとき，x，yの値を求めよ。**

1株の花の数	2	3	4	5	6	7	計
株の数	1	2	x	y	6	2	21

＊ **53**　**右の度数分布表は，生徒40人の数学の学力テストの得点をまとめたものである。次の問いに答えよ。**

(1)　得点の平均値が38点のとき，x，yの値を求めよ。

(2)　得点の中央値が50点のとき，xのとりうる値はいくつあるかを求めよ。

(3)　得点の中央値が40点のとき，xの値を求めよ。

(4)　得点の最頻値が30点で，平均値は中央値より11点高いとき，xの値を求めよ。

階級(点) 以上～未満	度数(人)
0～20	8
20～40	x
40～60	10
60～80	4
80～100	y
計	40

54　**次のデータは8人のテストの得点である。ただし，aは0以上の整数である。aの値によって，このデータの中央値として考えられる値をすべて求めよ。**

10，8，13，6，11，7，16，a

1-2 1次元のデータ(2)

▶四分位数と箱ひげ図

四分位数：データの値を小さい順に並べたとき，データ全体を四等分する位置にくる値を四分位数という。

箱ひげ図：

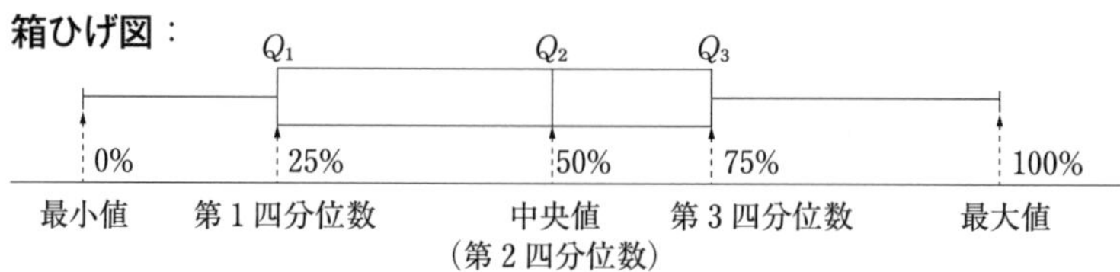

四分位範囲：$Q_3 - Q_1$ を四分位範囲という。これによって散らばりの度合い，すなわち中央値への密集度がわかる。

A

＊**55** 次のデータの最大値，最小値，Q_1，Q_2，Q_3 をそれぞれ求め箱ひげ図に表せ。

（教 p.47 練習8）

(1) 11 14 19 21 25 32 35 36 40 42 44 46 47 48 50

(2) 13 15 21 23 27 28 30 32 33 34 38 41 41 44 45 48

56 次の箱ひげ図はA組，B組，C組の数学のテストの得点を表したものである。次の問いに答えよ。ただし，どのクラスも50名とする。

（教 p.47-48 練習8-9）

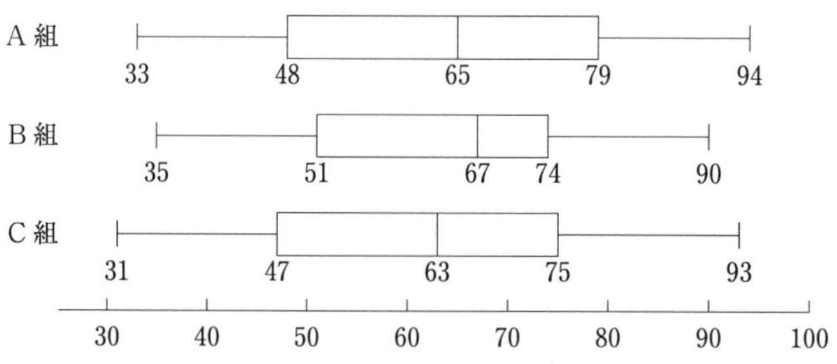

(1) 3クラスを，中央値が大きいものから順に並べよ。

(2) 3クラスを，範囲が大きいものから順に並べよ。

(3) 3クラスを，四分位範囲が大きいものから順に並べよ。

(4) 3クラスとも65点以上は25名以上いるといえるか。

(5) 50点以下がいちばん少ないのはB組といえるか。

B

57 下のヒストグラムは，A スタジアム，B スタジアム，C スタジアムの 30 日間の観客人数をまとめたものである。A，B，C 各スタジアムに対応する箱ひげ図を下の①～③から選べ。

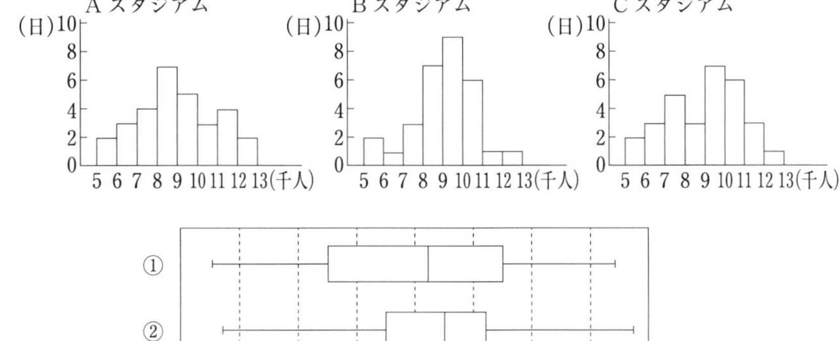

発展問題

例題 4 次のデータは，生徒 10 人のテストの得点を，大きさの順に並べたものである。中央値が 75，四分位範囲が 23 であるとき，a，b の値を求めよ。

46　54　63　69　a　78　81　b　94　100

考え方 データが偶数のときの中央値に着目する。

解 人数が 10 人だから，左から 5 番目と 6 番目の得点の平均値が中央値。

よって，$\dfrac{a+78}{2}=75$ より　$a=72$

次に，第 1 四分位数 $Q_1=63$，第 3 四分位数 $Q_3=b$

四分位範囲が 23 であるから，$b-63=23$　　よって，$b=86$

58 次のデータは，ある日の 0 時から 22 時まで 2 時間おきに測定した気温である。この気温の平均値が 20 ℃，四分位範囲が 7.5 ℃であるとき，x，y の値を求めよ。ただし，x，y は整数で，$14<x<20<y<26$ とする。

16　15　14　x　20　y　26　25　23　21　20　18　（単位℃）

1-3 1次元のデータ(3)

◆◆◆要点◆◆◆

▶分散と標準偏差

n 個の変量 x が x_1, x_2, …, x_n をとり，$\overline{x}$ を平均とするとき

・分散 $s^2=\dfrac{1}{n}\sum_{i=1}^{n}(x_i-\overline{x})^2=\dfrac{1}{n}\sum_{i=1}^{n}x_i^2-(\overline{x})^2=\overline{x^2}-(\overline{x})^2$

・標準偏差

$$s=\sqrt{\frac{1}{n}\sum_{i=1}^{n}(x_i-\overline{x})^2}=\sqrt{\frac{1}{n}\sum_{i=1}^{n}x_i^2-(\overline{x})^2}=\sqrt{\overline{x^2}-(\overline{x})^2}$$

・度数分布からの分散と標準偏差

x_i に対する度数を f_i とすると

$$s^2=\frac{1}{n}\sum_{i=1}^{n}(x_i-\overline{x})^2f_i=\frac{1}{n}\sum_{i=1}^{n}x_i^2f_i-(\overline{x})^2$$

$$s=\sqrt{\frac{1}{n}\sum_{i=1}^{n}(x_i-\overline{x})^2f_i}=\sqrt{\frac{1}{n}\sum_{i=1}^{n}x_i^2f_i-(\overline{x})^2}$$

階級値	度数
x_1	f_1
x_2	f_2
⋮	⋮
x_k	f_k
合計	n

・仮平均を用いた平均値と分散・標準偏差

$u=\dfrac{x-x_0}{c}$ ($x=cu+x_0$, x_0：仮平均，c：階級の幅) とすると

$$\overline{x}=c\overline{u}+x_0,\quad s_x=cs_u,\quad s_x{}^2=c^2s_u{}^2$$

A

59 次のデータの平均値，分散，標準偏差を求めよ。 (教 p.50-51 練習 10-12)

*(1) 6 4 8 5 2 (2) 8 2 9 3 9 5

(3) 9 5 8 6 3 11 7 *(4) 4 7 1 9 5 0 6 8

*** 60** 右の度数分布表で与えられた小テストの得点の分散と標準偏差を求めよ。

階級値 x(点)	2	4	6	8	計
人数 f(人)	1	3	4	2	10

(教 p.53 練習 13)

61 データが次の度数分布表で与えられているとき，分散と標準偏差を求めよ。

(教 p.53 練習 13)

(1)

階級値 x	2	4	6	8	10	計
度数 f	1	3	5	7	4	20

*(2)

階級値 x	1	2	3	4	5	6	計
度数 f	4	6	8	15	12	5	50

62　データが次の度数分布表で与えられているとき，平均値と標準偏差を，仮平均を用いて求めよ。 (教 p.55 練習 14)

(1)

階級値 x	4	8	12	16	20	計
度数 f	1	2	4	6	3	16

＊(2)

階級 以上～未満	20～30	30～40	40～50	50～60	60～70	70～80	合計
度数 f	1	2	4	6	5	2	20

63　右の表は，あるゲームに参加した 10 人の得点をまとめた累積度数分布表である。

(1)　ア～カの欄を正しく埋めよ。

(2)　得点の平均値を求めよ。

(3)　得点の分散，標準偏差を求めよ。

階級値 x	度数 f	xf	x^2f
1	2	2	2
2	ア	8	イ
3	3	9	27
4	ウ	エ	16
計	10	オ	カ

B

＊ **64**　次のデータは，あるクラスの生徒 20 人の握力を測定した結果である。

32.7　43.4　34.1　37.3　35.2　40.7　31.4　39.2
29.3　38.1　38.4　30.5　27.8　36.9　47.2　34.6
35.0　42.6　36.7　37.8　(単位：kg)

(1)　30 kg 以上 35 kg 未満を階級の 1 つとして，階級の幅が 5 kg の度数分布表を作れ。

(2)　度数分布表を用いて，平均値と標準偏差を求めよ。

65　変量 x の値を 30 個測定し，$u=\dfrac{x-7.8}{5}$ について

$$u_1+u_2+\cdots\cdots+u_{30}=-6 \qquad u_1^2+u_2^2+\cdots\cdots+u_{30}^2=24$$

を得た。次の問いに答えよ。

(1)　x の平均値 $\overline{x}$ を求めよ。　(2)　x の分散 $s_x{}^2$ を求めよ。

＊ **66**　次のような変量 x のデータがある。

508，484，516，524，516，468，540，508

$u=\dfrac{x-x_0}{c}$，$x_0=500$，$c=8$ として，変量 x を変量 u に変換する。

(1)　変量 u のデータの平均値，分散，標準偏差を求めよ。

(2)　変量 x のデータの平均値，分散，標準偏差を求めよ。

＊ 67 **あるクラスのテスト結果は，平均値は 55 点，分散は 96 であった。その後 2 人の記録ミスが判明し，1 人の 80 点は正しくは 70 点，もう 1 人の 40 点は正しくは 50 点であった。このとき，(1)，(2)は修正前より増加するか，減少するか，変化しないかを答えよ。**

(1) 2 人の記録ミスが正しく修正された結果の平均値と分散。

(2) 後日，欠席した生徒 1 人に追試を実施したところ，得点は 55 点であった。この生徒のデータを(1)の修正後のデータに含めたときの平均値と分散。

例題 5 右の表は，あるクラス 40 人を，A，B の 2 つのグループに分けて行った小テストの結果である。このとき，次の問いに答えよ。

	人数(人)	平均値(点)	標準偏差
A	10	7	1
B	30	5	2

(1) 40 人全体の平均値を求めよ。 (2) 40 人全体の標準偏差を求めよ。

考え方 **A，B の 2 つのグループの平均・標準偏差は，A，B をあわせたデータの平均・標準偏差を求めればよい。**

解 (1) A グループの点数の合計は $10\times7=70$

B グループの点数の合計は $30\times5=150$

よって，全体の平均値は

$$\frac{70+150}{10+30}=\frac{220}{40}=5.5 \text{（点）}$$

(2) A，B グループの点数の 2 乗の合計をそれぞれ u，v とすると

$$\sqrt{\frac{u}{10}-7^2}=1,\ \sqrt{\frac{v}{30}-5^2}=2 \text{ だから } u=500,\ v=870$$

よって，全体の標準偏差は

$$\sqrt{\frac{500+870}{10+30}-5.5^2}=\sqrt{34.25-30.25}=\sqrt{4}=2 \text{（点）}$$

＊ 68 **右の表は，50 人のクラスを A，B の 2 つのグループに分けて行った試験の結果である。このとき，生徒全体の平均値と標準偏差を求めよ。**

	人数(人)	平均点(点)	標準偏差
A	20	80	5
B	30	70	15

2 | 2次元のデータ

◆◆◆要点◆◆◆

▶相関関係

散布図

2つの変量の関係を座標平面上の点で表した図

相関表

2つの変量の関係を度数分布表を組み合わせて整理した表

共分散

2つの変量 $(x,\ y)$ が $(x_i,\ y_i)$ $(i=1, 2, \cdots, n)$ の値をとるとき

$$s_{xy}=\frac{1}{n}\sum_{i=1}^{n}(x_i-\overline{x})(y_i-\overline{y})$$

相関係数

2つの変量 $(x,\ y)$ が $(x_i,\ y_i)$ $(i=1, 2, \cdots, n)$ の値をとるとき

$$r=\frac{s_{xy}}{s_x s_y}=\frac{\sum_{i=1}^{n}(x_i-\overline{x})(y_i-\overline{y})}{\sqrt{\sum_{i=1}^{n}(x_i-\overline{x})^2}\sqrt{\sum_{i=1}^{n}(y_i-\overline{y})^2}}$$

A

＊**69**　右の表は，あるゲームに参加した8人の1回目の得点 x と2回目の得点 y をまとめたものである。得点 x と得点 y の散布図を作り，どのような相関があるかを調べよ。　(教 p.57 練習 1)

番号	1	2	3	4	5	6	7	8
x	7	4	6	5	7	8	4	3
y	6	5	4	6	5	3	7	8

70　次の表は，生徒15人の国語と数学の小テストの得点をまとめたものである。それぞれ10点以上15点未満を1つの階級とし，相関表を作れ。

(教 p.57 練習 2)

番号	1	2	3	4	5	6	7	8	9	10	11	12	13	14	15
国語 x	12	19	8	10	11	15	12	13	7	18	13	14	6	16	11
数学 y	14	16	10	9	13	18	10	15	12	19	14	18	9	17	13

71　右の表は，ある生徒5人の英語と国語の小テストの結果である。英語，国語の得点をそれぞれ x，y として，共分散 s_{xy} を求めよ。

番号	1	2	3	4	5
英語 x	12	19	8	10	11
国語 y	14	16	10	9	13

(教 p.59)

＊ **72** 下の表は，6 人の生徒の英語と数学と化学の小テスト（満点は 10 点）の結果である。英語と数学，数学と化学，英語と化学，それぞれの相関係数を求めよ。 （教 p.61 練習 4）

番号	1	2	3	4	5	6	平均
英語	4	6	8	7	5	6	6
数学	6	2	7	4	6	5	5
化学	10	6	7	6	4	9	7

B

例題 6 次のデータは，2 つのゲームに参加した 20 人の得点である。それぞれの得点 x，y について答えよ。

(1) x，y の相関係数 r を求めよ。

(2) x，y の散布図として適切なものを，下の①～⑥の図から選べ。

	平均値	中央値	標準偏差	共分散
x	21.6	21	7.2	21.6
y	20.4	19	4.8	

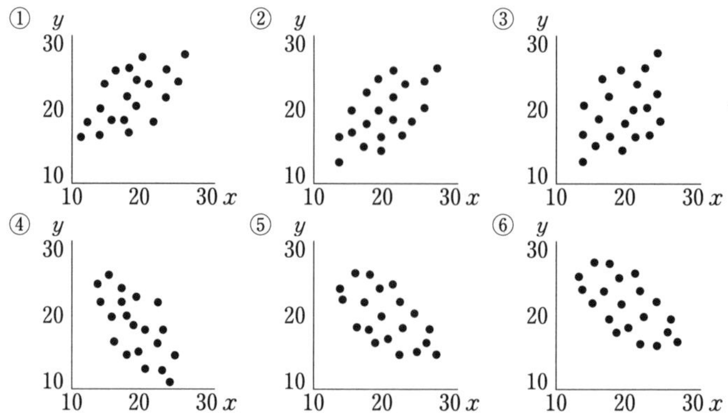

考え方 散布図は，相関係数，標準偏差，中央値などで判断する。

解 (1) 相関係数は，$r=\dfrac{21.6}{7.2\times4.8}=0.625$

(2) 相関係数が正であるから①，②，③のいずれかである。

x，y の標準偏差がそれぞれ 7.2，4.8 であり，③の散らばりは x より y の方が大きいから，①，②のいずれかである。

x，y の中央値がそれぞれ 21，19 であるから②である。

73　次のデータは，20人ずつのグループA，Bの2つのゲームの得点 x，y の結果である。

(1)　A，Bそれぞれの x，y の相関係数 r を求めよ。

(2)　A，Bそれぞれの x，y の散布図として適切なものを，例題6(2)の①～⑥の図から選べ。

A	平均値	中央値	標準偏差	共分散
x	21.3	20.5	4.2	18.9
y	20.8	19.5	7.5	

B	平均値	中央値	標準偏差	共分散
x	20.9	21	10.5	−56.7
y	19.6	19	7.2	

＊**74**　右の表は，2種類のゲームに参加した20人の得点の x，y の相関表である。

(1)　x，y の平均 $\overline{x}$，$\overline{y}$ を求めよ。

(2)　x，y の標準偏差 s_x，s_y を求めよ。

(3)　x，y の共分散 s_{xy} を求めよ。

(4)　x，y の相関係数 r を求めよ。

x ＼ y	1	3	5	計
5	4	0	0	4
3	8	4	0	12
1	0	2	2	4
計	12	6	2	20

発展問題

例題7　2つの変量 x，y について，平均値がそれぞれ $\overline{x}=6$，$\overline{y}=8$，標準偏差がそれぞれ $s_x=7$，$s_y=5$，共分散が $s_{xy}=13$ である。このとき，$z=x+y$ の平均値 $\overline{z}$ と標準偏差 s_z を求めよ。

考え方　x，y の和 $z=x+y$ の平均値 $\overline{z}$ は，

$$\overline{z}=\frac{1}{n}\{(x_1+y_1)+(x_2+y_2)+\cdots+(x_n+y_n)\}=\overline{x}+\overline{y}\text{ である。}$$

解　平均値 $\overline{z}$ は，$\overline{z}=\overline{x}+\overline{y}=6+8=14$

$$\begin{aligned}(z-\overline{z})^2&=\{(x+y)-(\overline{x}+\overline{y})\}^2\\&=\{(x-\overline{x})+(y-\overline{y})\}^2\\&=(x-\overline{x})^2+2(x-\overline{x})(y-\overline{y})+(y-\overline{y})^2\quad\text{より}\end{aligned}$$

$$s_z{}^2=s_x{}^2+2s_{x}s_{y}+s_y{}^2=7^2+2\cdot 13+5^2=100$$

$s_z>0$ より　$s_z=10$

75　2つの変量 x，y について，平均値がそれぞれ $\overline{x}=7$，$\overline{y}=4$，標準偏差がそれぞれ $s_x=3$，$s_y=6$，共分散が $s_{xy}=-9$ である。このとき，次の変量 z の平均値 $\overline{z}$ と標準偏差 s_z を求めよ。

(1)　$z=x+y$　　(2)　$z=x-y$　　(3)　$z=2x+3y$

2章 の問題

1 右の表は，30 人が受験した試験の得点を度数分布表にまとめたものである。

得点	人数
10	1
20	4
30	x
40	12
50	y
計	30

(1) 得点の平均値が 36 点のとき，x，y の値を求めよ。

(2) 得点の中央値が 35 点のとき，x，y の値を求めよ。

(3) 得点の中央値が 30 点のとき，x のとりうる値を求めよ。

(4) 得点の最頻値が 40 点のとき，x のとりうる値を求めよ。

(5) 得点の最頻値が 2 つあるとき，x のとりうる値を求めよ。

2 右の図は，あるチェーン店の A 店，B 店，C 店，D 店の 1 日当りの来客数を 51 日間調べ，そのデータを箱ひげ図にしたものである。次の問いに答えよ。

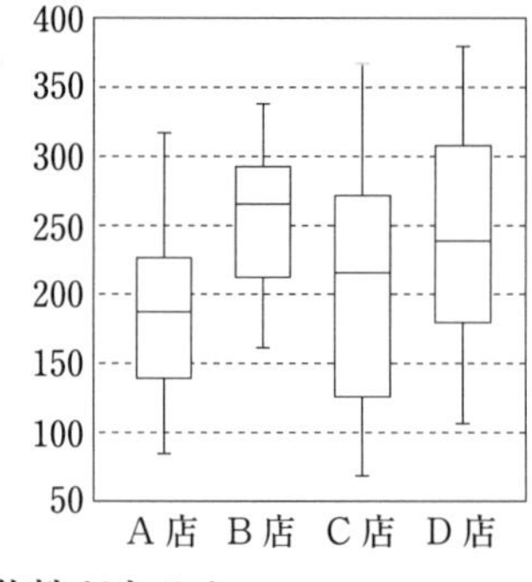

(1) 1 日当りの来客数が 150 人以下であった日が 13 日以上あったのは，どの店か。

(2) 1 日当りの来客数が 200 人以上あった日が最も多かったのは，どの店か。

(3) D 店では，1 日当りの来客数が 300 人以上であった日数は，最大で何日であった可能性があるか。

3 右の図は，30 人に行った数学と物理のテストの得点のデータをとり，散布図と箱ひげ図にしたものである。この図から読み取れる内容として正しいものを，下の①～⑦の中から選べ。

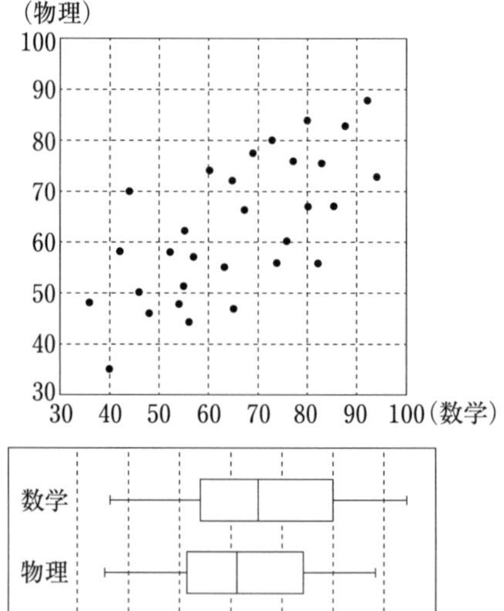

① 範囲は数学の方が大きいが，四分位範囲は物理の方が大きい。

② 50 点未満の人は，数学と物理のどちらも 6 人いる。

③ 数学が 80 点以上の学生には，物理が 60 点以下の人はいない。

④ 数学の得点が最も低い学生は，物理の得点も最も低い。
⑤ 物理の第2四分位数である61点をとった学生はいない。
⑥ 数学と物理の間には，正の相関があり，相関係数は0.5〜0.7である。
⑦ 標準偏差は数学の方が大きいと考えられる。

4 次のデータについて答えよ。

(1) 4個のデータ：7　9　a　$4-a$
の分散が10であるとき，a の値と平均値を求めよ。

(2) 5個のデータ：3　5　7　a　$4a$
の標準偏差が2であるとき，a の値と平均値を求めよ。

(3) 3個のデータ：1　4　a
の平均値と分散が等しいとき，a の値を求めよ。

5 次の表は，20人が行った2つのゲームの得点 x，y をまとめたものである。次の問いに答えよ。

番号	x	y	$x-\overline{x}$	$y-\overline{y}$	$(x-\overline{x})^2$	$(y-\overline{y})^2$	$(x-\overline{x})(y-\overline{y})$
1	11	9	2	−2	4	4	−4
2	8	13	−1	2	1	4	−2
⋮	⋮	⋮	⋮	⋮	⋮	⋮	⋮
20	7	10	−2	−1	4	1	2
合計	a	220	0	0	540	240	270
平均値	b	11	0	0	27.0	12.0	13.5
中央値	8.5	11	−0.5	0	10	4	3

(1) a，b の値を求めよ。

(2) 得点 x と得点 y の相関係数を求めよ。

(3) x，y の散布図として適切なものを，次の①〜④の図から選べ。

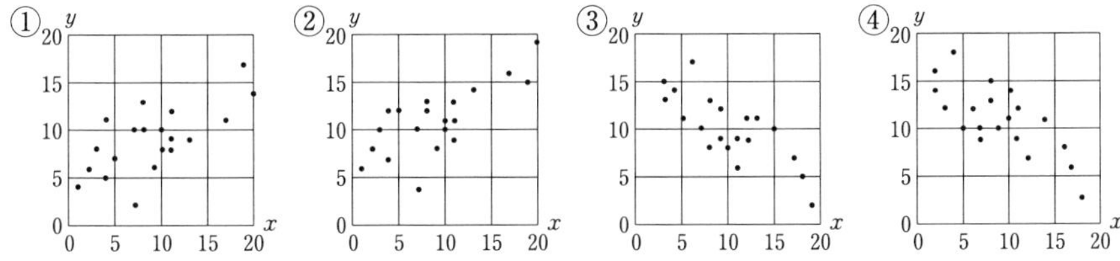

(4) $z=x+y$ とおくとき，z の平均値と標準偏差を求めよ。

6 次の表は，20 人の学生の国語と英語のテストの結果をまとめたものである。表の横軸は国語の得点を，縦軸は英語の得点を表し，表中の数値は，国語の得点と英語の得点の組み合わせに対応する人数を表している。

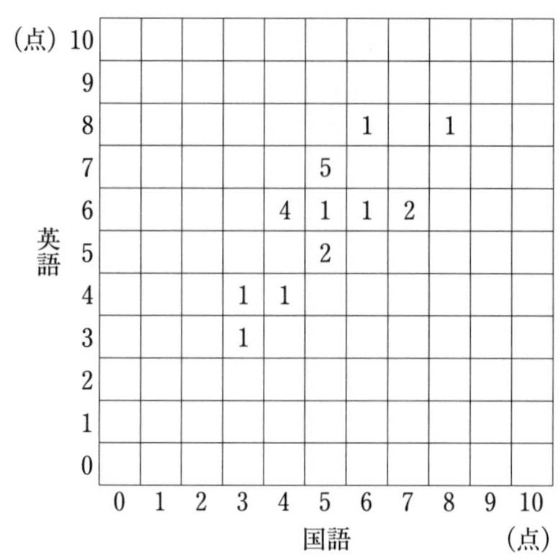

また，右の表は，この 20 人について，上の表の国語と英語の得点の平均値と分散をまとめたものである。ただし，表の数値はすべて正確な値であり，四捨五入されていない。

	国語	英語
平均値	A	6.0
分　散	1.60	B

以下，小数の形で解答する場合，指定された桁(けた)数の 1 つ下の桁を四捨五入し，解答せよ。

(1) この 20 人のうち，国語の得点が 4 点の生徒は ［ア］ 人であり，英語の得点が国語の得点以下の生徒は ［イ］ 人である。

(2) この 20 人について，国語の得点の平均値 A は ［ウ］.［エ］ 点であり，英語の得点の分散 B の値は ［オ］.［カキ］ である。

(3) この 20 人のうち，国語の得点が平均値 ［ウ］.［エ］ 点と異なり，かつ，英語の得点も平均値 6.0 点と異なる生徒は ［ク］ 人である。

この 20 人について，国語の得点と英語の得点の相関係数の値は，［ケ］.［コサシ］ である。

7 30人のクラスにおいて2回試験を行ったところ，得点の平均値と分散について，右の表のような結果を得た。2回全体の得点の分散は44であり，1回目と2回目の得点の共分散は20であった。

	平均値	分　散
1回目	62	36
2回目	60	
全　体		44

(1) 2回目の試験の得点の分散を求めよ。

(2) 1回目と2回目の試験の得点の相関係数を求めよ。

(3) 3回目の試験を行ったところ24人が受験し，平均値54，分散51であった。3回全体の得点の分散を求めよ。

8 変量 x のデータについて，平均値を $\overline{x}$，標準偏差を s とするとき，次の式で得られる T の値を偏差値という。

$$T = \frac{10(x-\overline{x})}{s} + 50$$

ある数学と国語のテストの結果，平均点は数学が50点，国語は60点で，標準偏差は数学が15（点）で国語は20（点）であった。このテストでA君は，数学が86点で，国語が54点，B君は数学が56点で，国語が84点であった。A君とB君の数学と国語の偏差値の合計は，どちらが大きいか調べよ。

9 2つの変量 x，y について

平均値 $\overline{x} = 9.4$，$\overline{y} = 7.1$

標準偏差 $s_x = 5.6$，$s_y = 4.5$

共分散 $s_{xy} = -18.9$

である。変量 x，y を使ってできる新しい変量 u，v を

$u = x + 3$，$v = 2y$

で定めるとき，次の値を求めよ。

(1) u，v の平均値 $\overline{u}$，$\overline{v}$　　(2) u，v の標準偏差 s_u，s_v

(3) u と v の共分散 s_{uv}　　(4) u と v の相関係数 r

1 確率分布

◆◆◆要点◆◆◆

▶確率分布

確率変数

1つの試行において，その結果に応じて値の定まる変数

確率分布

確率変数 X のとり得るすべての値を x_1，x_2，…，x_n とし，X がそれらの値をとる確率をそれぞれ p_1，p_2，…，p_n とするとき，この対応関係を確率分布という。

X	x_1　x_2　……　x_n	計
P	p_1　p_2　……　p_n	1

$p_1 \geqq 0$，$p_2 \geqq 0$，……，$p_n \geqq 0$

$p_1 + p_2 + \cdots + p_n = 1$

確率変数の平均

$$E(X) = x_1p_1 + x_2p_2 + \cdots\cdots + x_np_n = \sum_{k=1}^{n} x_kp_k$$

確率変数の分散・標準偏差

$E(X) = m$ とするとき

分散

$$V(X) = \sum_{k=1}^{n}(x_k - m)^2p_k = E(X^2) - \{E(X)\}^2$$

標準偏差

$$\sigma(X) = \sqrt{V(X)} = \sqrt{\sum_{k=1}^{n}(x_k - m)^2p_k} = \sqrt{E(X^2) - \{E(X)\}^2}$$

$aX + b$ の平均・分散・標準偏差（a，b は定数）

$$E(aX+b) = aE(X) + b, \quad V(aX+b) = a^2V(X),$$

$$\sigma(aX+b) = |a|\sigma(X)$$

▶二項分布

二項分布

1回の試行で，ある事象 A の起こる確率を p とする。この試行を n 回繰り返す反復試行において，事象 A が r 回起こる確率は $q = 1 - p$ とおくと

$$P(X=r) = {}_n\mathrm{C}_r p^r q^{n-r} \quad (r=0, 1, 2, \cdots, n)$$

である。この分布を二項分布といい，$B(n,\ p)$ で表す。

二項分布の平均・分散・標準偏差

確率変数 X が $B(n,\ p)$ に従うとき，$q = 1 - p$ とすると，

$$E(X) = np, \quad V(X) = npq, \quad \sigma(X) = \sqrt{npq}$$

A

＊ **76**　袋の中に赤球 2 個，白球 3 個が入っている。この中から，同時に 3 個の球を取り出したときの白球の個数を X とする。このとき，次の問いに答えよ。（教 p.67 練習 1-2）

(1)　X の確率分布を求めよ。　　(2)　$P(2 \leqq X \leqq 3)$ を求めよ。

77　7 枚の硬貨を同時に投げ，表の出る枚数と裏の出る枚数の差の絶対値を X とする。（教 p.67 練習 1-2）

(1)　X の確率分布を求めよ。　　(2)　$P(X \geqq 3)$ を求めよ。

＊ **78**　ジョーカーの入っていない 52 枚のトランプから 1 枚のカードを引いたとき，それがエースならば 1000 円，7 または 8 のカードならば 700 円，絵札ならば 100 円もらう。それ以外のカードのときは 200 円支払うものとするとき，もらえる金額の期待値を求めよ。（教 p.68 練習 3）

79　白球 5 個と赤球 2 個の入った袋から，2 個の球を同時に取り出すとき，その中に含まれる白球の個数の期待値を求めよ。（教 p.68 練習 3）

＊ **80**　1 つのさいころを投げて，出た目の正の約数の個数を X とするとき，確率変数 X の平均，分散，標準偏差を求めよ。（教 p.68-70 練習 3-5）

＊ **81**　袋の中に赤球 2 個，白球 3 個が入っている。この袋から，同時に 3 個の球を取り出し，その中に含まれる赤球の個数を X とする。確率変数 X の平均，分散，標準偏差を求めよ。（教 p.71 練習 6）

＊ **82**　赤球 2 個，白球 4 個の入っている袋から 2 個の球を同時に取り出す。このとき，赤球 1 個につき 6 点，白球 1 個につき -3 点の得点とする。得点の平均，分散を求めよ。（教 p.73 練習 7）

＊ **83**　確率変数 X の平均は -3 で，分散は 5 である。確率変数 $Y = aX + b$ の平均が 0 で，Y^2 の平均が 10 であるとき，a，b の値を求めよ。ただし $a > 0$ とする。（教 p.73 練習 8）

＊ **84**　さいころを 2 回投げるとき，次の問いに答えよ。（教 p.75 練習 9）

(1)　出る目の和の平均と分散を求めよ。

(2)　出る目の積の平均を求めよ。

＊ **85** Aの袋には赤球2個，白球4個が入っており，Bの袋には赤球3個，白球3個が入っている。A，Bそれぞれの袋から同時に2個ずつの球を取り出すとき，Aから取り出された赤球の個数を X，Bから取り出された赤球の個数を Y とするとき，次の平均と標準偏差を求めよ。 (教 p.77 練習 12)

(1) $X+Y$　　(2) $X-Y$

86 確率変数 X が二項分布 $B\left(10,\ \frac{1}{2}\right)$ に従うとき，次の確率をそれぞれ求めよ。 (教 p.79 練習 13)

＊(1) $P(X\leqq 2)$　　＊(2) $P(4\leqq X\leqq 6)$　　(3) $P(X\leqq 9)$

＊ **87** 1つのさいころを繰り返して24回投げるとき，1の目の出る回数 X の平均，分散を求めよ。 (教 p.81 練習 14)

88 次の二項分布の平均，分散，標準偏差を求めよ。 (教 p.81 練習 14)

(1) $B\left(5,\ \frac{1}{6}\right)$　　＊(2) $B\left(200,\ \frac{3}{4}\right)$　　(3) $B\left(1000,\ \frac{1}{2}\right)$

B

＊ **89** 2つのさいころを同時に投げて，出た目の和を4で割ったときの余りを X とする。このとき，X の確率分布を求めよ。

＊ **90** 1から5までの整数を1つずつ書いた5枚のカードの中から同時に3枚を取り出すとき，カードに書かれた数の最小値 X の平均，分散，標準偏差を求めよ。

91 確率変数 X の確率分布が右の表で与えられている。このとき，$Y=aX+b$ で定める確率変数 Y について，$E(Y)=0$，$V(Y)=1$ であるとき，a，b の値を求めよ。ただし $a>0$ とする。

X	0	1	2	3	計
P	$\frac{1}{8}$	$\frac{3}{8}$	$\frac{3}{8}$	$\frac{1}{8}$	1

92 50円硬貨2枚と100円硬貨2枚を同時に投げ，表の出た硬貨の金額の和を T とするとき，確率変数 T の平均，分散，標準偏差を求めよ。

＊ **93** ○，×で答える問題が10問ある。でたらめに○，×をつけて解答したときの正解数を X とする。このとき，X の平均，分散，標準偏差を求めよ。

94 4枚の硬貨を同時に投げることを100回繰り返す試行において，表が2枚，裏が2枚出る回数をXとする。このとき，回数Xの平均と標準偏差を求めよ。

95 平均が6，分散が2の二項分布に従う確率変数をXとするとき，次の問いに答えよ。

(1) Xが従う二項分布を$B(n,\ p)$とおくとき，nとpを求めよ。

(2) $X=k$となる確率をp_kで表すとき，$\dfrac{p_4}{p_3}$を求めよ。

96 発芽率80％の種子300個をまくとき，発芽する個数をXとする。Xの期待値と標準偏差を求めよ。

97 座標平面上の原点から出発する動点P$(x,\ y)$は，さいころを投げて，1，2，3，4の目が出るとx軸の正の方向に1だけ，5，6の目が出るとy軸の正の方向に1だけ動くものとする。さいころをn回投げるとき，次の問いに答えよ。

(1) x座標を確率変数Xとするとき，Xの平均と分散を求めよ。

(2) $Z=x-y$を確率変数として，Zの平均と分散を求めよ。

発展問題

＊ **98** 1からnまでの数字が1つずつ書かれたカードがn枚ある。このカードの中から，取り出したカードはもとに戻さずに1枚ずつカードを引いていき，1のカードが出たらカードを引くのをやめることにする。カードを引くのをやめるまでに，カードを引いた回数をXとするとき，Xの期待値を求めよ。

99 1つのさいころを3回投げて，出た目の最大値をXとする。このとき確率変数Xの確率分布を求めよ。また，平均と分散を求めよ。

100 3から7までの数字が1つずつ記入された5枚のカードの中から，2枚のカードを復元抽出で選び出す。1番目のカードの数字を十の位，2番目のカードの数字を一の位として得られる数を表す確率変数をTとする。

(1) Tの平均mと標準偏差$\sigma(T)$を求めよ。

(2) $T \leqq \dfrac{6}{5}m$となる確率を求めよ。

2 正規分布

◆◆◆要点◆◆◆

▶連続分布

確率密度関数

連続的な確率変数 X の分布曲線が $y=f(x)$ で表されるとき，関数 $f(x)$ を確率密度関数といい，区間 $\alpha \leqq X \leqq \beta$ の確率は

$$P(\alpha \leqq X \leqq \beta)=\int_{\alpha}^{\beta} f(x)\,dx$$

平均・分散・標準偏差

X のとり得る値の範囲が $a \leqq X \leqq b$ で，確率密度関数が $f(x)$ であるとき

$$E(X)=\int_{a}^{b} xf(x)\,dx, \qquad V(X)=\int_{a}^{b}(x-m)^2 f(x)\,dx$$

$\sigma(X)=\sqrt{V(X)}$　　ただし，$E(X)=m$ である。

▶正規分布

正規分布

連続的な確率変数 X の確率密度関数 $f(x)$ が

$$f(x)=\frac{1}{\sqrt{2\pi}\,\sigma}e^{-\frac{(x-m)^2}{2\sigma^2}}$$

で与えられるとき，X の分布は平均 m，標準偏差 σ の正規分布といい，

$$N(m,\ \sigma^2)$$

で表す。

標準正規分布

平均 $m=0$，標準偏差 $\sigma=1$ の正規分布 $N(0,\ 1)$ を標準正規分布という。

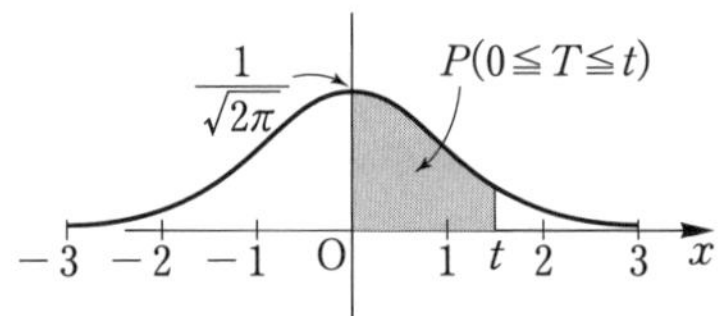

確率変数の標準化

確率変数 X が正規分布 $N(m,\ \sigma^2)$ に従うとき，$Z=\dfrac{X-m}{\sigma}$ とおくと，Z は標準正規分布 $N(0,\ 1)$ に従う。

二項分布と正規分布

二項分布 $B(n,\ p)$ は，n の値が十分大きいときは，正規分布

$$N(np,\ np(1-p))$$

で近似できる。

A

＊101 確率変数 X の確率密度関数が $0 \leqq x \leqq 2$ において $f(x)=-\frac{1}{2}x+1$, そのほかの x に対して $f(x)=0$ であるとき，次の値を求めよ。

（教 p.84 練習 1）

(1) 確率 $P(0 \leqq X \leqq 1)$ (2) 確率 $P(0.5 \leqq X \leqq 2)$ (3) 平均 $E(X)$

102 確率変数 Z が標準正規分布 $N(0,\ 1)$ に従うとき，教巻末の正規分布表を用いて，次の確率を求めよ。 （教 p.86 練習 2）

(1) $P(1 \leqq Z \leqq 2.5)$ (2) $P(-1 \leqq Z \leqq 1.5)$

(3) $P(Z \leqq 2)$ (4) $P(-0.4 \leqq Z)$

103 確率変数 X が正規分布 $N(10,\ 1.5^2)$ に従うとき，教巻末の正規分布表を用いて，次の確率を求めよ。 （教 p.87 練習 3-4）

＊(1) $P(10 \leqq X \leqq 11.5)$ (2) $P(13 \leqq X)$

(3) $P(7 \leqq X \leqq 14.5)$ ＊(4) $P(X \leqq 5.5)$

＊104 1巻のテープから目測で長さ 10 cm のテープを 300 枚切り取り，長さを cm 単位で測ったところ，平均値 9.9，標準偏差 0.4 であった。切り取るテープの長さが正規分布に従うものとみなしたとき，次の問いに答えよ。

（教 p.88 練習 5）

(1) 長さが 9.5 cm から 10.5 cm までのものは約何枚あると考えられるか。

(2) 10.5 cm 以上のものは約何枚あると考えられるか。

＊105 ある作業員が同一の条件で作った丸棒の直径を，mm 単位で平均値 10.0，標準偏差 0.2 の正規分布に従うものとみなしたとき，次の問いに答えよ。

（教 p.88 練習 5）

(1) 直径 9.7 mm 以上 10.3 mm 以下のものは何％くらいあるか。

(2) 直径 10.5 mm 以上のものは何％くらいあるか。

106 さいころを 300 回ふるとき，1の目が 60 回以上出る確率を，正規分布による近似によって求めよ。 （教 p.89 練習 6）

＊107 さいころを 200 回ふるとき，1の目が 30 回以上 40 回以下出る確率を，正規分布による近似によって求めよ。 （教 p.89 練習 6）

◇◆◇◆◇◆◇◆◇◆◇◆◇◆◇◆◇◆◇◆◇◆◇◆◇◆◇◆◇◆ **B** ◇◆◇◆◇◆◇◆◇◆◇◆◇◆◇◆◇◆◇◆◇◆◇◆◇◆◇◆◇◆

108 ある意見に対する賛否が同程度とする。100人について調べたとき，60人以上の賛成者がいる確率を求めよ。

109 $-1 \leqq X \leqq 1$ のすべての値をとる確率変数 X の確率密度関数が，$f(x)=|x|$ であるとき，平均 $E(X)$ と確率 $P\left(-\dfrac{1}{2} \leqq X \leqq 1\right)$ を求めよ。

***110** ある工場で作られるボルトの直径は，$N(12,\ 0.3^2)$ に従うという。次の問いに答えよ。ただし，単位はmmとする。

(1) 直径が12.5mm以上のものは約何%あるか。

(2) 直径が11.9mm以上12.1mm以下のものは約何%あるか。

例題 8 ある数学の期末テストの成績が平均点75点，標準偏差10点で正規分布に近い分布をしているという。全校生徒300人中，上から50番以内に入るには何点以上であればよいと考えられるか。

考え方 50番以内というのは上から約16.7%であるから，標準正規分布 $N(0,\ 1)$ でこれを満たす値を求め，その点をこの期末テストの点に変換する。

解 上から50番目は，$\dfrac{50}{300} \times 100 = 16.666\cdots$

すなわち，約16.7%のところに当たる。

よって，$P(Z>u)=0.167$ となる u の値を求めると

$$P(0 \leqq Z \leqq u) = 0.5 - P(Z>u) = 0.5 - 0.167 = 0.333$$

したがって，教巻末の正規分布表から　$u=0.97$

これに対する X の値は　$0.97 = \dfrac{X-75}{10}$ から $X=84.7$

ゆえに，85点であればよいと考えられる。

***111** ある大学の入学試験で，500人の募集に対して2830人の受験者があった。4教科の総合点は400点満点で，受験者の平均点は185，標準偏差が68点であったという。受験者全体の成績が正規分布しているとみなして，次の問いに答えよ。

(1) 成績300点の人は，成績順位が何番ぐらいと考えられるか。

(2) 合格者の最低点は何点ぐらいと考えられるか。

112 あるクイズを10題中8題は解けるといわれているA君が，50題の問題を解くことになった。次の問いに答えよ。

(1) 45題以上を解くことのできる確率を求めよ。

(2) 90％の確率で解くことのできる問題数の最大を求めよ。

＊**113** ある果樹園から収穫される果物のうち5％は不良品で出荷できないという。この果樹園からとれた果物3000個のうち，出荷できないものが130個以下である確率を求めよ。ただし，正規分布による近似を行うこと。

114 勝率5割6分の野球チームが年間150試合するとき，次の確率を求めよ。

(1) 勝ち数が75以下となる確率を求めよ。

(2) 勝ち数が90以上100以下となる確率を求めよ。

発展問題

例題 9 ある測定値Xが平均m，標準偏差σの正規分布に従うとき，Xが$m-2\sigma$から$m+2\sigma$の間に属する確率を求めよ。

考え方 確率変数Xを標準正規分布$N(0,\ 1)$に標準化する。

解 確率変数Xは$N(m,\ \sigma^2)$に従うので，$Z=\dfrac{X-m}{\sigma}$とおいて標準化すると，Zは標準正規分布$N(0,\ 1)$に従う。

$x_1=m-2\sigma$ のとき　$z_1=\dfrac{(m-2\sigma)-m}{\sigma}=\dfrac{-2\sigma}{\sigma}=-2$

$x_2=m+2\sigma$ のとき　$z_2=\dfrac{(m+2\sigma)-m}{\sigma}=\dfrac{2\sigma}{\sigma}=2$ であるから

$$\begin{aligned}P(m-2\sigma\leqq X\leqq m+2\sigma)&=P(-2\leqq Z\leqq 2)\\&=2\times P(0\leqq Z\leqq 2)\\&=2\times 0.4772=0.9544\end{aligned}$$

115 100人のクラスの成績を表す確率変数Xが，平均m，標準偏差σの正規分布に従うという。右の表のように1から5までの評点をつけることにしたとき，次の問いに答えよ。

評点	区間
1	$X<m-1.5\sigma$
2	$m-1.5\sigma\leqq X<m-0.5\sigma$
3	$m-0.5\sigma\leqq X<m+0.5\sigma$
4	$m+0.5\sigma\leqq X<m+1.5\sigma$
5	$m+1.5\sigma\leqq X$

(1) 各評点は何人ずつになるか。

(2) 平均70，標準偏差12のとき，80点の生徒にはどんな評点がつくか。

3章の問題

1 ○×式の問題が5問ある。全問正解すれば10点，4問正解すれば8点，3問正解すれば5点，2問以下の正解のときは0点とする。このとき，まったくでたらめに○×をつけた場合の得点の期待値を求めよ。

2 1から9までの数字の中から，重複しないように3つの数字を無作為に選ぶ。その中の最大の数字を X とする。

(1) $X=3$ となる確率を求めよ。

(2) $X=4$ となる確率を求めよ。

(3) $X=5$，$X=6$，$X=7$，$X=8$，$X=9$ となる確率をそれぞれ求めよ。

(4) 期待値 $E(X)$ を求めよ。

3 点Pは数直線上を原点Oを出発して，確率がそれぞれ $\dfrac{1}{2}$ で正の向きに1進むか，または負の向きに1進むとする。n 回移動したときのPの座標を $X(n)$ で表す。

(1) $X(8)=2$ となる確率を求めよ。　(2) $|X(7)|$ の期待値を求めよ。

4 1と書かれた球が2個，2と書かれた球が2個，4と書かれた球が1個ある。この5個の球をつぼの中に入れて，無作為に2個同時に取り出し，それらに書かれている数の和を X とする。このとき，確率変数 X の確率分布を求めよ。また，平均と分散，標準偏差を求めよ。

5 確率変数 X は n 個の値 1，3，5，……，$2n-1$ をとり，X がそれぞれの値を等しい確率でとるとき，確率変数 $Y=3X+2$ の平均と分散を求めよ。

6 1から10までの番号が書かれた札が1枚ずつある。この10枚の札から無作為に5枚の札を取り出す。このとき，取り出された札のうち，番号が5以下であるものの枚数を X とおく。

(1) X の確率分布を求めよ。

(2) X の平均 $E(X)$ および分散 $V(X)$ を求めよ。

(3) $X=5$ のときは10000円，$X=4$ のときは1000円，$X=3$ のときは100円の賞金がもらえるが，その他の場合はもらえないものとする。賞金の期待値を求めよ。

7 A，B 2つの袋があり，Aには白石3個，黒石3個，Bには白石2個，黒石2個が入っている。まず，Aから石を1個取り出し，見ないでBに入れた。

(1) この後，Bから1個取り出したとき白石であった。この白石がAから来た白石である確率を求めよ。

(2) Aから3個取り出すときの黒石の数を X，Bから3個取り出すときの白石の数を Y とする。X と Y のそれぞれの平均と分散を求めよ。また，$\dfrac{2}{5}X+\dfrac{3}{5}Y$ の平均を求めよ。

8 袋の中に1の数字が書かれている球が5個，2の数字が書かれている球が3個，5の数字が書かれている球が2個の合計10個の球が入っている。1個の球を取り出して，その球に書かれている数字を確認し，もとに戻すことを繰り返す。i 回目に取り出した球に書かれている数字を X_i とする。このとき，次の各問いに答えよ。

(1) X_1 の確率分布を表で表せ。また，X_1 の平均と分散を求めよ。

(2) $Z=X_1+X_2$ の確率分布を表で表せ。また，確率 $P(Z\leqq 4)$ の値を求めよ。

(3) $W=X_1-X_2$ とするとき，$P(W\leqq a)\leqq P(Z\leqq 4)$ を満たす整数 a の最大値を求めよ。

(4) $S=X_1+X_2+\cdots\cdots+X_n$ が $n+1$ となる確率を求めよ。

9 確率変数 X のとる値 x の範囲が $0\leqq x\leqq 2$ で，その確率密度関数が $f(x)=k-|x-1|$ で与えられているとき，次の各問いに答えよ。

(1) k の値を求めよ。

(2) X の平均と標準偏差を求めよ。

10 ある工場で生産されている製品の不良率を $p=0.05$ とし，この製品の中から n 個を無作為に抽出して調べるとき，その中の不良品の個数を X とする。標本の大きさが $n=1900$ のとき，確率 $P(76\leqq X\leqq 114)$ を，二項分布の正規分布による近似を用いて求めよ。

11 数直線上の原点に立つ人が確率 p で表の出るコインを投げて，表が出れば $+1$ 進み，裏が出れば -1 進むとする。その場所で再びコインを投げ，その結果に応じて $+1$ または -1 進む。これを n 回繰り返した後のこの人の立つ位置を表す確率変数を S_n とする。このとき，次の問いに答えよ。

(1) $\frac{1}{2}(S_n+n)$ は二項分布 $B(n,\ p)$ に従うことを示せ。

(2) $p=\frac{1}{2}$ のコインを 100 回投げた後に，この人が原点から 22 以上隔たっている確率は 0.05 以下であることを示せ。ただし，確率変数 U が標準正規分布 $N(0,\ 1)$ に従うとき，$P(|U|<1.96)=0.95$ であることは用いてよい。

12 1枚のコインを 100 回投げる試行において，表の出た回数を X とする。このとき，次の問いに答えよ。

(1) X はどのような確率分布に従うかを答えよ。また，確率 $P(X=k)$ を k を用いて表せ。

(2) X を正規分布 $N(m,\ \sigma^2)$ で近似するとき，m，σ の値をそれぞれ求めよ。

(3) 上記(2)において，確率 $P(50\leqq X\leqq 60)$ と，$P(|X-50|<a)=0.95$ を満たす値 a の近似値をそれぞれ求めよ。

1　統計的推測

◆◆◆要点◆◆◆

▶母集団と標本

標本平均の分布

母平均 m，母標準偏差 σ の母集団から大きさ n の標本を復元抽出するとき，標本平均 $\overline{X}$ の平均と標準偏差は

$$E(\overline{X})=m,\quad \sigma(\overline{X})=\frac{\sigma}{\sqrt{n}}$$

母集団分布が $N(m,\ \sigma^2)$ のとき，$\overline{X}$ の分布は $N\left(m,\ \dfrac{\sigma^2}{n}\right)$

標本の大きさ n が十分大きいとき，$\overline{X}$ の分布はほぼ $N\left(m,\ \dfrac{\sigma^2}{n}\right)$

標本分布

正規分布 $N(m,\ \sigma^2)$ に従う母集団からとった大きさ n の標本の標本平均を $\overline{X}$，標本標準偏差を S とするとき，

$\dfrac{nS^2}{\sigma^2}$ の分布は自由度 $n-1$ のカイ 2 乗分布

$\dfrac{\overline{X}-m}{S/\sqrt{n-1}}$ の分布は自由度 $n-1$ の t 分布

▶推定

母平均 m の推定(1)

標準偏差 σ の母集団から，大きさ n の標本を抽出するとき，n が十分大きければ，m の信頼区間は

信頼度 95 %では　$\overline{X}-\dfrac{1.96\sigma}{\sqrt{n}} \leqq m \leqq \overline{X}+\dfrac{1.96\sigma}{\sqrt{n}}$

信頼度 99 %では　$\overline{X}-\dfrac{2.58\sigma}{\sqrt{n}} \leqq m \leqq \overline{X}+\dfrac{2.58\sigma}{\sqrt{n}}$

注　母標準偏差 σ が不明のときは，標本標準偏差 S で代用できる。

母比率 p の推定

大きさ n の標本について，ある性質をもつものの標本比率を p' とする。n が十分大きいとき，p の信頼区間は

信頼度 95 %では　$p'-1.96\sqrt{\dfrac{p'(1-p')}{n}} \leqq p \leqq p'+1.96\sqrt{\dfrac{p'(1-p')}{n}}$

信頼度 99 %では　$p'-2.58\sqrt{\dfrac{p'(1-p')}{n}} \leqq p \leqq p'+2.58\sqrt{\dfrac{p'(1-p')}{n}}$

母分散 σ^2 の推定

正規母集団から，大きさ n の標本を抽出するとき，σ^2 の信頼度 95 %の信頼区間は

$$\frac{nS^2}{\chi^2_{n-1}(0.025)} \leqq \sigma^2 \leqq \frac{nS^2}{\chi^2_{n-1}(0.975)}$$

母平均 m の推定(2)

正規母集団から，大きさ n の標本を抽出するとき，n が小さく，σ が未知のとき，m の信頼度 95 %の信頼区間は

$$\overline{X} - \frac{t_{n-1}(0.05)S}{\sqrt{n-1}} \leqq m \leqq \overline{X} + \frac{t_{n-1}(0.05)S}{\sqrt{n-1}}$$

116 1 と書かれた球が 2 個，3 と書かれた球が 3 個，5 と書かれた球が 4 個，計 9 個の球が入っている袋がある。この母集団から 1 個の球を取り出したとき，記入されている数字を X とする。 (教 p.98 練習 2)

(1) 変量 X の母集団分布を求めよ。

(2) (1)の母集団から大きさ 4 の標本を復元抽出するとき，標本平均 $\overline{X}$ の平均と標準偏差を求めよ。

117 確率変数 X が自由度 12 のカイ 2 乗分布に従うとき，χ^2 分布表（教巻末）を用いて，次の a，b の値を求めよ。 (教 p.104 練習 4)

(1) $P(a \leqq X) = 0.950$　　(2) $P(X < b) = 0.975$

118 確率変数 T が自由度 20 の t 分布に従うとき，t 分布表（教巻末）を用いて，次の a，b の値を求めよ。 (教 p.105 練習 5)

(1) $P(|T| \geqq a) = 0.01$　　(2) $P(T < b) = 0.05$

***119** 母標準偏差が 1.5 の正規分布に従う母集団から，大きさ 16 の標本を任意抽出したところ，標本平均が 7.2 であった。信頼度 95 %で母平均の信頼区間を求めよ。また，信頼度 99 %ではどうか。 (教 p.108 練習 7)

***120** 大きさ 100 の標本の標本平均は 56.3 で，標本標準偏差は 10.2 である。このとき，母平均 m の信頼区間を信頼度 95 %で求めよ。 (教 p.108 練習 8)

121 ある電気部品 400 個の電気抵抗を測定した結果，平均値 50.3 オーム，標準偏差 1.5 オームを得た。母平均 m の信頼区間を信頼度 99 %で求めよ。

(教 p.108 練習 8)

＊**122**　1 つの画びょうを 100 回投げたところ, 36 回は針が下に向いた。この画びょうを投げて針が下に向く確率 p を信頼度 95 ％で推定せよ。
(教 p.110 練習 9)

123　正規分布に従う母集団から大きさ 21 の標本を抽出したところ，標本標準偏差が 3.2 であった。信頼度 95 ％で母分散 σ^2 の信頼区間を求めよ。
(教 p.111 練習 10)

124　正規分布に従う母集団から大きさ 26 の標本を抽出したところ，標本平均が 43, 標本標準偏差が 10 であった。信頼度 95 ％で母平均の信頼区間を求めよ。ただし，小さい標本に対する分析法を用いること。(教 p.112 練習 11)

B

例題 10　正規分布 $N(m,\ \sigma^2)$ に従う母集団から標本を抽出し，標本平均から母平均を推定するとき，信頼区間の幅を $\dfrac{1}{5}\sigma$ 以下におさえるには，標本の大きさ n をどのように定めればよいか。信頼度を 95 ％とする。

考え方　信頼区間の幅は $\left(\overline{X}+\dfrac{1.96\sigma}{\sqrt{n}}\right)-\left(\overline{X}-\dfrac{1.96\sigma}{\sqrt{n}}\right)=2\times\dfrac{1.96\sigma}{\sqrt{n}}$

解　$2\times\dfrac{1.96\sigma}{\sqrt{n}}\leqq\dfrac{1}{5}\sigma$ より　$\sqrt{n}\geqq19.6$　から　$n\geqq384.16$

よって，標本の大きさは 385 以上にすればよい。

125　標準偏差 σ の正規分布に従う母集団から選び出した大きさ n の標本の標本平均を $\overline{X}$ とする。母平均 m の信頼区間　$\overline{X}-\dfrac{\sigma}{10}\leqq m\leqq\overline{X}+\dfrac{\sigma}{10}$ の信頼度が 95 ％以上となる n の値の範囲を求めよ。

＊**126**　ある大都市の世帯当たり月収は，標準偏差が 2 万円と予想される。この大都市で，世帯当たり平均月収の値を信頼区間の幅が 3 千円以下で求めるには, 信頼度を約 95 ％とした場合, 何世帯以上を任意抽出して調べればよいか。

127　ある工場の製品には，5 ％の不良品があると予想されている。いま，真の不良率を，信頼区間の幅が 0.04 までの範囲で推定をしたい。信頼度 99 ％で推定するには何個以上の標本を抽出すればよいか。

2 仮説の検定

◆◆◆要点◆◆◆

▶仮説の検定

(ア) 仮説をたてる。

(イ) 有意水準（危険率）から棄却域を定める。

(ウ) 仮説のもとで，得られた結果の値を求める。その値が

棄却域にあるときは，仮説は棄却される。

棄却域にないときは，仮説は棄却されない。

▶母平均の検定(1)

母集団からの大きさ n の標本の標本平均を $\overline{X}$ とする。母平均は m であると仮説をたてて

$$Z=\frac{\overline{X}-m}{\frac{\sigma}{\sqrt{n}}}=\frac{\sqrt{n}\,(\overline{X}-m)}{\sigma}$$

について，有意水準5％で $|Z| \geqq 1.96$ であれば，仮説は棄却される。

有意水準1％で $|Z| \geqq 2.58$ であれば，仮説は棄却される。

▶母比率の検定

母集団からの大きさ n の標本のある性質をもつものの個数を X とする。母比率は p であると仮説をたてて

$$Z=\frac{X-np}{\sqrt{np(1-p)}}$$

について，有意水準5％で $|Z| \geqq 1.96$ であれば，仮説は棄却される。

有意水準1％で $|Z| \geqq 2.58$ であれば，仮説は棄却される。

▶母分散の検定

正規母集団からの大きさ n の標本の標本標準偏差を S とする。母分散は σ^2 であると仮説をたてて

$$U=\frac{nS^2}{\sigma^2}$$

について，

有意水準5％で $U \leqq \chi^2_{n-1}(0.975)$，$\chi^2_{n-1}(0.025) \leqq U$

であれば，仮説は棄却される。

▶母平均の検定(2)

正規母集団からの大きさ n の標本の標本平均を $\overline{X}$，標本標準偏差を S とする。n が小さく，母分散 σ^2 が未知のとき，母平均は m であると仮説を

たてて

$$T=\frac{\overline{X}-m}{S/\sqrt{n-1}}$$

について，

有意水準 5 %で $|T| \geqq t_{n-1}(0.05)$ であれば，仮説は棄却される。

▶適合度の検定

母集団からの大きさ n の標本において，性質 A_i をもつものの個数を X_i とする $(i=1, 2, \cdots, k)$。A_i の母比率は p_i である $(i=1, 2, \cdots, k)$ と仮説をたてて

$$U=\sum_{i=1}^{k}\frac{(X_i-np_i)^2}{np_i}$$

について，

有意水準 5 %で $U>\chi_{k-1}^2(0.05)$ であれば，仮説は棄却される。

＊128 次の標本は正規母集団 $N(m,\ 10^2)$ から抽出されたものである。

28　13　16　28　29　12　14　12　10

このとき，$m=25$ といえるか。有意水準（危険率） 5 %で検定せよ。

(教 p.118 例題 1)

＊129 ある集団における子供は男子 1596 人，女子 1540 人であった。この集団における男子と女子の出生率は相等しいと認めてよいか。有意水準（危険率） 5 %で検定せよ。(教 p.119 例題 2)

130 あるさいころを 500 回投げたところ，1 の目が 100 回出たという。このさいころの 1 の目が出る確率は $\frac{1}{6}$ でないと判断してよいか。危険率 5 %で検定せよ。(教 p.119 例題 2)

＊131 内容量 200 mL と表示されている缶ジュースが大量にある。この中から 100 本を標本として無作為に抽出し，その内容量を調べたところ 199 mL が 15 本，200 mL が 20 本，201 mL が 30 本，202 mL が 20 本，203 mL が 15 本であった。このとき次の問いに答えよ。(教 p.118 例題 1)

(1) 標本平均を求めよ。　　(2) 標本分散を求めよ。

(3) 全製品について，1 缶当たりの平均内容量は表示のとおりか。有意水準 5 %で検定せよ。

132 次の標本は正規母集団から抽出されたものである。

28　13　16　28　29　12　14　12　10

このとき，次の問いに答えよ。 (教 p.120-121 練習 1-2)

(1) $\sigma = 5$ といえるか，有意水準 5 %で検定せよ。

(2) $m = 24$ といえるか，σ は未知とし，有意水準 5 %で検定せよ。

133 ある政策について有権者の意見の比率は従来，賛成：反対：わからない $= 3:2:3$ であった。与党から新提案があった直後に 1000 人を無作為抽出して行った世論調査で，賛成 395 人，反対 270 人，わからない 335 人という結果を得た。世論に変化はなかったといえるか，有意水準 5 %で検定せよ。 (教 p.122 練習 3)

B

例題 11 ある種のメダカの黒色個体と白色個体とを交配させたところ，黒色個体ばかりを得た。この第 2 代の黒色個体どうしを交配させた結果，黒色個体 162 尾，白色個体 63 尾が生じた。
このメダカの体色の遺伝が，メンデルの法則に従うとすれば，第 3 代の体色の分離比は 3：1 となるはずである。この実験結果がメンデルの法則に矛盾するか，しないかを危険率 5 %で検定せよ。

考え方 黒色個体の母比率を $p = \frac{3}{4}$ と仮説をたてる。

解 黒色個体の母比率を $p = \frac{3}{4} = 0.75$ と仮説をたてる。
標本の大きさは $n = 162 + 63 = 225$，黒色個体の数は $X = 162$ より

$$|Z| = \left| \frac{162 - 225 \cdot 0.75}{\sqrt{225 \cdot 0.75 \cdot 0.25}} \right| \fallingdotseq 1.04 < 1.96$$

より仮説は棄却されないから，メンデルの法則に矛盾するとはいえない。

134 袋の中に色未知の球が 3 個入っている。いま，よくかき混ぜて 2 球を同時に取り出し，色を調べた上でもとに戻すという実験を 3 回行ったところ，取り出された球の色は 3 回とも赤ばかりであった。袋の中の 3 球のうちに異色の球が含まれているという仮説を，危険率 5 %で検定せよ。

4章の問題

1 ある原野には，A，B 2 種の野ねずみが生息しているという。任意に 300 匹の野ねずみを捕らえたところ，A 種が 90 匹いた。A 種の野ねずみは，この原野全体で何%生息していると考えられるか。信頼度 95 %で推定せよ

2 平均 m，分散 4 の正規母集団から大きさ n の任意標本を抽出して，その標本平均を $\overline{X}$ とするとき，次の問いに答えよ。

(1) $n=100$，$\overline{X}=10$ のとき，信頼度 95 %で m の信頼区間を求めよ。

(2) $|\overline{X}-m| \leqq \dfrac{1}{2}$ となる確率が 95 %以上であるようにしたい。n をどのようにすればよいか。

3 弱い酸による布地の損傷を実験するのに，その酸につけた布地が使用に耐えなくなるまでの時間を測ることにした。このようにして与えられる実験データの平均が，真の値と，母集団標準偏差の 10 %以上違わないことが，95 %以上の確率で正しいといえるためには，何個のデータをとればよいか。ただし，時間は正規分布に従うものとする。

4 ある植物の種子の発芽率は，A 地産のもので 75 %である。いま，B 地産の種子を無作為に 192 粒抽出して，播種した。このとき B 地産のものの発芽率が，信頼度 95 %で A 地産のものの発芽率と同じであると考えられるためには，何粒発芽すればよいか。その範囲を求めよ。

5 不良品の割合が p である製品から 10 個の標本を抽出するとき，その中の不良品の個数を X とする。標本不良率 $\dfrac{X}{10}$ と p との差 $\dfrac{X}{10}-p$ の分散のとり得る最大値を求めよ。

6 ある種類のねずみは，生まれてから 3 か月後の体重が平均 65 g，標準偏差 4.8 g の正規分布に従うという。いま，この種類のねずみ 10 匹を特別な飼料で飼養し，3 か月後に体重を測定したところ，次の結果を得た。この飼料はねずみの体重に異常な変化を与えたと考えられるか，有意水準 5 %で検定せよ。

67，71，63，74，68，61，64，80，71，73

7 日本人の血液型の百分率は，O型30％，A型40％，B型20％，AB型10％といわれている。人口1225人のある集落を抽出し，B型の人数を調べたところ，211人であったという。この人数は異常であるといえるか，有意水準（危険率）5％で検定せよ。

8 3種類の品物A, B, Cがある。Aを3個，Bを2個，Cを1個任意に選んで1つにまとめて1個の商品とする。次の問いに答えよ。

(1) 「Aには，A全体の$\dfrac{1}{16}$の不良品が含まれ，Bには，B全体の$\dfrac{1}{9}$，Cには，C全体の$\dfrac{1}{25}$の不良品が含まれている」という仮説のもとで，全商品の中から，無作為に1個の商品を取り出したとき，それが完全な商品である確率を求めよ。ここで，完全な商品とは不良品が含まれていない商品のことである。

(2) 商品960個を無作為に抽出したところ，完全な商品は640個であった。このことから，(1)の仮説は正しいと判断してよいかどうかを，有意水準（危険率）5％で検定（両側検定）せよ。

9 ある新しい薬を400人の患者に用いたら，8人に副作用が発生した。従来から用いていた薬の副作用の発生する割合を4％とするとき，この新しい薬は従来から用いていた薬に比べて，副作用が発生する割合が低いといえるか。危険率（有意水準）5％で検定せよ。

10 ある病気の死亡率は40％であるという。この病気にかかった人の10人に新しい薬を注射した。薬の効果を調べるために，まず

H_0：この薬はこの病気に効かない

という仮説をたてた。次に，注射した10人のうちの死亡者数を表す確率変数をXとし，Xの実測値xに対して

$X \leqq x$ となる確率が0.05以下　……(C)

ならば，仮説H_0を否定して「薬は効く」と判定することにした。仮説H_0のもとで条件(C)を満足するxの値をすべて求めよ。

11 ある工場で生産される製品の強度の母標準偏差は 1.4 kg/mm^2 であった。原材料の仕入れ先を変更した後，製品から無作為に 10 個取り出して強度を調べたところ，次の結果を得た。

29.2，30.0，29.7，28.4，29.4，30.2，30.2，31.2，29.0，30.3

この製品の強度のばらつきについて，次の検定をせよ。

(1) ばらつきは小さくなったといえるか，有意水準 1 %で片側検定

(2) ばらつきは小さくなったといえるか，有意水準 5 %で片側検定

(3) ばらつきは変化していないといえるか，有意水準 5 %で両側検定

12 ある鉄道路線で，この 1 年間に事故による停止が 5 件発生し，復旧するまでにかかった時間は次のとおりであった。

72，36，148，94，60（分）

この路線で事故の復旧にかかる時間は正規分布に従うものとして，次の推定をして母平均 m の信頼区間を求めよ。

(1) 母分散 σ^2 は未知として，m を信頼度 95 %で推定せよ。

(2) 仮に母分散 σ^2 の値は標本分散 S^2 の値と等しいものとして，σ^2 が既知のときの考え方で，m を信頼度 95 %で推定せよ。

13 月曜から金曜まで週 5 日営業しているある店で，曜日別の来客数を調べたところ，次のとおりであった。

曜　日	月	火	水	木	金	計
来客数	32	20	29	41	38	160

各曜日一様に来客があるといえるか，有意水準 5 %で検定せよ。

詳しい解答や図・証明は，弊社 Web サイト（https://www.jikkyo.co.jp）の本書の紹介からダウンロードできます。

解答

1章　確率

1. 確率とその基本性質

1 (1) $\frac{4}{9}$　(2) $\frac{5}{9}$　(3) $\frac{1}{3}$　(4) $\frac{4}{9}$

2 (1) $\frac{1}{6}$　(2) $\frac{5}{36}$　(3) $\frac{1}{9}$　(4) $\frac{1}{9}$

3 (1) $\frac{2}{91}$　(2) $\frac{45}{91}$

4 $\frac{1}{5}$

5 (1) $A\cup B=\{1,\ 2,\ 3,\ 4,\ 5,\ 7\}$，$B\cup C=\{1,\ 2,\ 4,\ 6,\ 7\}$，$C\cup A=\{2,\ 3,\ 5,\ 6,\ 7\}$
(2) $A\cap B=\{7\}$，$B\cap C=\varnothing$，$C\cap A=\{2\}$
(3) B と C

6 (1) $\frac{1}{6}$　(2) $\frac{1}{6}$

7 $\frac{29}{44}$

8 (1) $\frac{4}{13}$　(2) $\frac{11}{26}$

9 $\frac{17}{38}$

10 (1) $\frac{1}{6}$　(2) $\frac{20}{21}$　(3) $\frac{5}{6}$

11 (1) $\frac{1}{4}$　(2) $\frac{1}{28}$

12 (1) $\frac{1}{10}$　(2) $\frac{3}{10}$

13 (1) $\frac{1}{21}$　(2) $\frac{1}{35}$

14 (1) $\frac{1}{3}$　(2) $\frac{1}{2}$　(3) $\frac{1}{3}$

15 (1) $\frac{1}{7}$　(2) $\frac{2}{7}$　(3) $\frac{2}{7}$

16 (1) $\frac{11}{36}$　(2) $\frac{5}{6}$

17 (1) $\frac{149}{198}$　(2) $\frac{35}{36}$

18 (1) $\frac{5}{33}$　(2) $\frac{92}{99}$　(3) $\frac{6}{11}$　(4) $\frac{163}{165}$

19 $\frac{33}{100}$

20 (1) $\frac{35}{101}$　(2) $\frac{66}{101}$　(3) $\frac{18}{101}$

21 (1) $\frac{1}{2}$　(2) $\frac{9}{25}$

22 (1) $\frac{1}{10}$　(2) $\frac{3}{5}$

23 (1) $\frac{3}{7}$　(2) $\frac{2}{7}$

2. いろいろな確率の計算

24 (1) $\frac{1}{25}$　(2) $\frac{16}{25}$

25 (1) $\frac{1}{10}$　(2) $\frac{5}{12}$　(3) $\frac{9}{10}$

26 (1) $\frac{1}{16}$　(2) $\frac{1}{4}$

27 $\frac{17}{625}$

28 $\frac{80}{729}$

29 (1) $\frac{1}{2}$　(2) $\frac{1}{3}$　(3) $\frac{1}{2}$

30 (1) $\frac{8}{9}$　(2) $\frac{2}{9}$

31 $\frac{2}{3}$

32 (1) $\frac{1}{2}$　(2) $\frac{2}{3}$

33 (1) $\frac{1}{20}$　(2) $\frac{1}{5}$

34 $\frac{4}{15}$

35 0.792

36 (1) $p_3=\frac{2}{27}$，$p_4=\frac{4}{27}$　(2) $\frac{34}{81}$

37 $\frac{7}{11}$

38 (1) $\dfrac{27}{100}$ (2) $\dfrac{4}{9}$

39 (1) $\dfrac{5}{16}$ (2) $\dfrac{5}{32}$

40 $\dfrac{5}{3888}$

41 (1) $\dfrac{30!}{n!(30-n)!}\cdot\dfrac{5^{30-n}}{6^{30}}$

(2) $\dfrac{30-n}{5n+5}$ (3) $n=5$

1章の問題

1 (1) $\dfrac{3}{44}$ (2) $\dfrac{3}{11}$ (3) $\dfrac{47}{66}$

2 Xが偶数となる確率は $\dfrac{511}{512}$

4の倍数となる確率は $\dfrac{505}{512}$

3 $\dfrac{35}{512}$

4 (1) $\dfrac{2}{5}$ (2) $\dfrac{1}{6}$

5 (1) $\dfrac{1}{3}$ (2) $\dfrac{37}{42}$ (3) $\dfrac{11}{21}$

(4) $\dfrac{5}{28}$ (5) $\dfrac{11}{42}$

6 (1) $\dfrac{1}{8}$ (2) $\dfrac{7}{64}$ (3) $\dfrac{21}{128}$

7 (1) $\dfrac{25}{36}$ (2) $\dfrac{1}{3}$ (3) $\dfrac{1}{4}$

8 (1) $\dfrac{5}{18}$ (2) $\dfrac{23}{108}$ (3) $\dfrac{29}{54}$

9 (1) A $\dfrac{1}{4}$, B $\dfrac{2}{9}$, C $\dfrac{1}{4}$, D $\dfrac{5}{18}$

(2) $\dfrac{13}{36}$

10 (1) $n-2$ 通り

(2) $(n-2)(n-3)$ 通り (3) 7

11 (1) $\dfrac{135}{4096}$

(2) 座標が9の位置

2章 データの整理

1-1. 1次元のデータ(1)

42, 43 略

44 (1), (2) 略

(3) 20 % (4) 72 %

45 97.5 kg

46 国語の平均値は 30.2 点,
数学の平均値は 28.2 点

47 (1) 中央値は 34, 最頻値は 21, 43

(2) 中央値は 30, 最頻値は 35

48 平均値は 7.45 g, 中央値は 7.46 g, 最頻値は 7.46 g

49 略

50 平均値 4.64 点, 中央値は 4 点, 最頻値は 6 点

51 (1) 58.5 点 (2) 70 点

(3) 70 点

52 $x=3$, $y=7$

53 (1) $x=16$, $y=2$

(2) 3, 4, 5, …, 11 の 9 個

(3) $x=12$ (4) $x=14$

54 9, 9.5, 10, 10.5

1-2. 1次元のデータ(2)

55 図は略

(1) 最大値 50, 最小値 11, $Q_1=21$, $Q_2=36$, $Q_3=46$

(2) 最大値 48, 最小値 13, $Q_1=25$, $Q_2=32.5$, $Q_3=41$

56 (1) B 組, A 組, C 組

(2) C 組, A 組, B 組

(3) A 組, C 組, B 組

(4) いえない

(5) いえる

57 A は③, B は②, C は①

58 $x=17$, $y=25$

1-3. 1次元のデータ(3)

59 (1) 平均値 5, 分散 4, 標準偏差 2

(2) 平均値 6, 分散 8, 標準偏差 2.8

(3) 平均値 7, 分散 6, 標準偏差 2.4

(4) 平均値 5, 分散 9, 標準偏差 3

60 分散 3.24, 標準偏差 1.8

61 (1) 分散 5, 標準偏差 2.2

(2) 分散 1.96, 標準偏差 1.4

62 (1) 平均値 14, 標準偏差 4.5

(2) 平均値 54, 標準偏差 13

63 (1) ア 4, イ 16, ウ 1, エ 4, オ 23, カ 61

(2) 2.3
(3) 分散 0.81，標準偏差 0.9

64 (1) 略
(2) 平均値 36.5 kg，
標準偏差 4.9 kg

65 (1) 6.8 (2) 19

66 (1) 平均 1，分散 7，標準偏差 $\sqrt{7}$
(2) 平均 508，分散 448，
標準偏差 $8\sqrt{7}$

67 (1) 平均値は変化しない，
分散は減少する
(2) 平均値は変化しない，
分散は減少する

68 平均値 74 点，標準偏差 13 点

69 図は略，負の相関がある

70 略

71 $s_{xy}=8.2$

72 英語と数学 0，数学と化学 0.204，英語と化学 −0.258

73 (1) A 0.6，B −0.75
(2) A ③，B ⑤

74 (1) $\overline{x}=3$，$\overline{y}=2$
(2) $s_x=\dfrac{2\sqrt{10}}{5}$ (≒1.26)，
$s_y=\dfrac{3\sqrt{5}}{5}$ (≒1.34)
(3) $s_{xy}=-1.2$
(4) $r=-\dfrac{\sqrt{2}}{2}$ (≒−0.7)

75 (1) $\overline{z}=11$，$s_z=3\sqrt{3}$
(2) $\overline{z}=3$，$s_z=3\sqrt{7}$
(3) $\overline{z}=26$，$s_z=6\sqrt{7}$

2章の問題

1 (1) $x=7$，$y=6$
(2) $x=10$，$y=3$
(3) $x=11$，12，13
(4) $x=2$，3，4，5，6，7，8，9，10，11
(5) $x=1$，12

2 (1) A 店と C 店 (2) B 店
(3) 25 日

3 ②，⑤，⑥，⑦

4 (1) $a=1$，3，平均値は 5
(2) $a=1$ のとき，平均値は 4
$a=\dfrac{3}{2}$ のとき，平均値は $\dfrac{9}{2}$
(3) $a=1$，$\dfrac{11}{2}$

5 (1) $b=9$，$a=180$ (2) 0.75
(3) ②
(4) 平均値 20，
標準偏差 $\sqrt{66}$ (≒8.12)

6 (1) ア 5 (人)，イ 8 (人)
(2) ウエ 5.0 (点)，オカキ 1.60
(3) ク 5 (人)，ケコサシ 0.625

7 (1) 50 (2) $\dfrac{\sqrt{2}}{3}$ (=0.471…)
(3) 56

8 A 君 の 合 計 (121) が B 君 の 合 計 (116) より大きい

9 (1) $\overline{u}=12.4$，$\overline{v}=14.2$
(2) $s_u=5.6$，$s_v=9$
(3) −37.8
(4) −0.75

3章 確率分布

1. 確率分布

76 (1)

X	1	2	3	計
P	$\dfrac{3}{10}$	$\dfrac{6}{10}$	$\dfrac{1}{10}$	1

(2) $\dfrac{7}{10}$

77 (1)

X	1	3	5	7	計
P	$\dfrac{35}{64}$	$\dfrac{21}{64}$	$\dfrac{7}{64}$	$\dfrac{1}{64}$	1

(2) $\dfrac{29}{64}$

78 100 円

79 $\dfrac{10}{7}$ 個

80 平均 $\dfrac{7}{3}$，分散 $\dfrac{8}{9}$，標準偏差 $\dfrac{2\sqrt{2}}{3}$

81 平均 $\dfrac{6}{5}$，分散 $\dfrac{9}{25}$，標準偏差 $\dfrac{3}{5}$

82 平均 0，分散 $\dfrac{144}{5}$

83 $a=\sqrt{2}$，$b=3\sqrt{2}$

84 (1) 平均 7，分散 $\frac{35}{6}$ (2) $\frac{49}{4}$

85 (1) 平均 $\frac{5}{3}$，標準偏差 $\frac{\sqrt{170}}{15}$

(2) 平均 $-\frac{1}{3}$，標準偏差 $\frac{\sqrt{170}}{15}$

86 (1) $\frac{7}{128}$ (2) $\frac{21}{32}$ (3) $\frac{1023}{1024}$

87 平均 4，分散 $\frac{10}{3}$

88 (1) 平均 $\frac{5}{6}$，分散 $\frac{25}{36}$，標準偏差 $\frac{5}{6}$

(2) 平均 150，分散 $\frac{75}{2}$，

標準偏差 $\frac{5\sqrt{6}}{2}$

(3) 平均 500，分散 250，

標準偏差 $5\sqrt{10}$

89

X	0	1	2	3	計
P	$\frac{1}{4}$	$\frac{2}{9}$	$\frac{1}{4}$	$\frac{5}{18}$	1

90 平均 $\frac{3}{2}$，分散 $\frac{9}{20}$，標準偏差 $\frac{3\sqrt{5}}{10}$

91 $a=\frac{2\sqrt{3}}{3}$，$b=-\sqrt{3}$

92 平均 150，分散 6250，標準偏差 $25\sqrt{10}$

93 平均 5，分散 $\frac{5}{2}$，標準偏差 $\frac{\sqrt{10}}{2}$

94 平均 $\frac{75}{2}$，標準偏差 $\frac{5\sqrt{15}}{4}$

95 (1) $p=\frac{2}{3}$，$n=9$ (2) 3

96 期待値 240，標準偏差 $4\sqrt{3}$

97 (1) 平均 $\frac{2}{3}n$，分散 $\frac{2}{9}n$

(2) 平均 $\frac{1}{3}n$，分散 $\frac{8}{9}n$

98 $\frac{n+1}{2}$

99

X	1	2	3	4	5	6	計
P	$\frac{1}{216}$	$\frac{7}{216}$	$\frac{19}{216}$	$\frac{37}{216}$	$\frac{61}{216}$	$\frac{91}{216}$	1

平均 $\frac{119}{24}$，分散 $\frac{2261}{1728}$

100 (1) $m=55$，$\sigma(T)=\sqrt{202}$

(2) $\frac{19}{25}$

2. 正規分布

101 (1) $\frac{3}{4}$ (2) $\frac{9}{16}$ (3) $\frac{2}{3}$

102 (1) 0.1525 (2) 0.7745

(3) 0.9772 (4) 0.6554

103 (1) 0.3413 (2) 0.0228

(3) 0.9759 (4) 0.0013

104 (1) 約 232 枚 (2) 約 20 枚

105 (1) およそ 87 %

(2) およそ 0.6 %

106 0.0606

107 0.6319

108 0.0228

109 $E(X)=0$，$P\left(-\frac{1}{2}\leqq X\leqq 1\right)=\frac{5}{8}$

110 (1) およそ 4.8 %

(2) およそ 25.9 %

111 (1) 129 番

(2) 248 点

112 (1) 0.0384

(2) 43 題であると考えられる

113 0.0465

114 (1) 0.0694 (2) 0.1568

115 (1) 評点 1 から 5 に対して，順に

7 人，24 人，38 人，24 人，7 人

(2) 評点 4

3章の問題

1 $\frac{25}{8}$ 点

2 (1) $\frac{1}{84}$ (2) $\frac{1}{28}$

(3) $P(X=5)=\frac{1}{14}$，$P(X=6)=\frac{5}{42}$，

$P(X=7)=\frac{5}{28}$，$P(X=8)=\frac{1}{4}$，

$P(X=9)=\frac{1}{3}$

(4) $\frac{15}{2}$

3 (1) $\frac{7}{32}$ (2) $\frac{35}{16}$

4

X	2	3	4	5	6	計
P	$\frac{1}{10}$	$\frac{4}{10}$	$\frac{1}{10}$	$\frac{2}{10}$	$\frac{2}{10}$	1

平均 4，分散 $\frac{9}{5}$，標準偏差 $\frac{3\sqrt{5}}{5}$

5 平均 $3n+2$，分散 $3(n^2-1)$

6 (1)

X	0	1	2	3	4	5	計
P	$\frac{1}{252}$	$\frac{25}{252}$	$\frac{100}{252}$	$\frac{100}{252}$	$\frac{25}{252}$	$\frac{1}{252}$	1

(2) $E(X)=\frac{5}{2}$，$V(X)=\frac{25}{36}$

(3) $\frac{1250}{7}$ 円

7 (1) $\frac{1}{5}$

(2) $E(X)=E(Y)=\frac{3}{2}$，

$V(X)=V(Y)=\frac{9}{20}$，

$E\left(\frac{2}{5}X+\frac{3}{5}Y\right)=\frac{3}{2}$

8 (1)

X_1	1	2	5	計
P	$\frac{5}{10}$	$\frac{3}{10}$	$\frac{2}{10}$	1

$E(X_1)=\frac{21}{10}$，$V(X_1)=\frac{229}{100}$

(2)

Z	2	3	4	6	7	10	計
P	$\frac{25}{100}$	$\frac{30}{100}$	$\frac{9}{100}$	$\frac{20}{100}$	$\frac{12}{100}$	$\frac{4}{100}$	1

$P(Z\leqq 4)=\frac{16}{25}$

(3) $a=-1$　(4) $\frac{3}{10}n\left(\frac{1}{2}\right)^{n-1}$

9 (1) $k=1$

(2) 平均 1，標準偏差 $\frac{\sqrt{6}}{6}$

10 0.9544

11 略

12 (1) $B\left(100,\ \frac{1}{2}\right)$ に従う

$P(X=k)={}_{100}C_k\left(\frac{1}{2}\right)^{100}$

(2) $m=50$，$\sigma=5$

(3) $P(50\leqq X\leqq 60)=0.4772$，$a=9.8$

4章　推定と検定

1. 統計的推測

116 (1)

X	1	3	5	計
P	$\frac{2}{9}$	$\frac{3}{9}$	$\frac{4}{9}$	1

(2) 平均 $\frac{31}{9}$，標準偏差 $\frac{5\sqrt{2}}{9}$

117 (1) $a=5.2260$　(2) $b=23.3367$

118 (1) $a=2.845$　(2) $b=-1.725$

119 信頼度 95 %では $6.465\leqq m\leqq 7.935$
信頼度 99 %では $6.233\leqq m\leqq 8.168$

120 $54.30\leqq m\leqq 58.30$

121 $50.11\leqq m\leqq 50.49$

122 $0.27\leqq p\leqq 0.45$

123 $6.293\leqq \sigma^2\leqq 22.421$

124 $38.88\leqq m\leqq 47.12$

125 $n\geqq 385$

126 683 世帯以上

127 791 個以上

2. 仮説の検定

128 $m=25$ とはいえない

129 相等しいと認めてよい

130 $\frac{1}{6}$ ではないと判断してよい

131 (1) 201 mL　(2) 1.6 mL^2
(3) 表示のとおりとはいえない

132 (1) $\sigma=5$ とはいえない
(2) $m=24$ といえる

133 世論に変化はあったと考えられる

134 異色の球が含まれているとはいえない

4章の問題

1 24.8 %～35.2 %と考えられる

2 (1) $9.61\leqq m\leqq 10.39$　(2) 62 以上

3 385 個以上

4 $133\leqq X\leqq 155$

5 $p=\frac{1}{2}$ のとき最大値 $\frac{1}{40}$

6 異常な変化を与えたといえる

7 異常であるといえる

8 (1) $\frac{5}{8}$ (2) 正しいとはいえない

9 低いといえる

10 $x=0,\ 1$

11 (1) 小さくなったといえない

(2) 小さくなったといえる

(3) 変化していないといえる

12 (1) $29.33 \leqq m \leqq 134.67$

(2) $48.74 \leqq m \leqq 115.26$

13 一様に来客があるといえる

●本書の関連データが web サイトからダウンロードできます。

https://www.jikkyo.co.jp/download/ で

「新版確率統計　演習　改訂版」を検索してください。

提供データ：問題の解説

■監修

おかもとかずお
岡本和夫　東京大学名誉教授

■編修

ふくしまくにみつ
福島國光　元栃木県立田沼高等学校教頭

ほしのけいすけ
星野慶介　千葉工業大学准教授

さえきあきひこ
佐伯昭彦　鳴門教育大学大学院教授

すずきまさき
鈴木正樹　沼津工業高等専門学校准教授

●表紙・本文基本デザイン――エッジ・デザインオフィス

●組版データ作成――㈱四国写研

新版数学シリーズ

新版確率統計　演習　改訂版

2012年11月10日　初版第 1 刷発行
2021年 3 月30日　改訂版第 1 刷発行
2024年 4 月10日　第 4 刷発行

●著作者　岡本和夫　ほか

●発行者　小田良次

●印刷所　株式会社広済堂ネクスト

●発行所　実教出版株式会社

〒102-8377
東京都千代田区五番町 5 番地
電話［営　　業］(03) 3238-7765
　　［企画開発］(03) 3238-7751
　　［総　　務］(03) 3238-7700
https://www.jikkyo.co.jp/

ISBN　978-4-407-34947-4　C3041　Printed in Japan